Fluktuationsmanagement

Praxis der Personalpsychologie
Human Resource Management kompakt
Band 40

Fluktuationsmanagement

Dr. Alexander Häfner, Dipl.-Psych. Christina Truschel

Herausgeber der Reihe:

Prof. Dr. Jörg Felfe, Dr. Rüdiger Hossiep,
Prof. Dr. Martin Kleinmann, Prof. Dr. Heinz Schuler

Begründer der Reihe:

Prof. Dr. Heinz Schuler, Dr. Rüdiger Hossiep,
Prof. Dr. Martin Kleinmann, Prof. Dr. Werner Sarges

Alexander Häfner
Christina Truschel

Fluktuations-
management

Ungewollte Kündigungen vermeiden

Dr. Alexander Häfner, geb. 1979. 2000–2006 Studium der Psychologie in Würzburg. 2006–2012 Wissenschaftlicher Mitarbeiter an der Julius-Maximilians Universität Würzburg. 2012 Promotion. Weiterbildungen als Trainer und Coach. Seit 2012 Leiter Personalentwicklung bei der Würth Industrie Service GmbH & Co. KG. Seit 2014 Mitglied im Vorstand der Sektion Wirtschaftspsychologie des Berufsverbands Deutscher Psychologinnen und Psychologen. Arbeitsschwerpunkte: Führungskräfteausbildung, Mitarbeiterbindung, Organisationsentwicklung.

Dipl.-Psych. Christina Truschel, geb. 1984. 2003–2008 Studium der Psychologie in Würzburg. 2008–2012 Wissenschaftliche Mitarbeiterin an der Julius-Maximilians Universität Würzburg. Weiterbildungen zum systemischen Coach und Wissensmanager. Seit 2012 Mitarbeiterin der Personalentwicklung bei der Würth Industrie Service GmbH & Co. KG, unter anderem als Teamleiterin Wissensmanagement sowie als Expertin für Wissensmanagement und Digitalisierung. Seit 2020 zudem freiberufliche Tätigkeit als Trainerin und Coach. Arbeitsschwerpunkte: Mitarbeiterentwicklung, Wissensmanagement, Projekt- und Change-Management.

Bibliografische Information der Deutschen Nationalbibliothek
Die Deutsche Nationalbibliothek verzeichnet diese Publikation in der Deutschen Nationalbibliografie; detaillierte bibliografische Daten sind im Internet über http://dnb.dnb.de abrufbar.

Hogrefe Verlag GmbH & Co. KG
Merkelstraße 3
37085 Göttingen
Deutschland
Tel. +49 551 999 50 0
Fax +49 551 999 50 111
info@hogrefe.de
www.hogrefe.de

Umschlagabbildung: © iStock.com by Getty Images / Andrey Popov
Satz: Sina-Franziska Mollenhauer, Hogrefe Verlag GmbH & Co. KG, Göttingen
Druck: mediaprint solutions GmbH, Paderborn
Printed in Germany
Auf säurefreiem Papier gedruckt

1. Auflage 2022
© 2022 Hogrefe Verlag GmbH & Co. KG, Göttingen
(E-Book-ISBN [PDF] 978-3-8409-2667-9; E-Book-ISBN [EPUB] 978-3-8444-2667-0)
ISBN 978-3-8017-2667-6
https://doi.org/10.1026/02667-000

Inhaltsverzeichnis

Karten

Neue Mitarbeiter gut integrieren – Frühe Fluktuationen vermeiden
Mittel- und langfristige Entwicklungswege erarbeiten
Bindungsgespräche führen
Austrittsgespräche führen

1 Ungewollte Mitarbeiterfluktuation vermeiden

Wie lange planen Sie, noch weiter bei Ihrem aktuellen Arbeitgeber zu arbeiten? Was hat Sie bislang zu Arbeitgeberwechseln motiviert? Was erzählen Freundinnen und Freunde? Wer sich im Freundeskreis umhört, wird verschiedene Wechselgründe hören:

- eine schlechte Führungskraft, die nicht mehr zu ertragen war,
- die Suche nach einer Stelle mit neuen spannenden Aufgaben,
- die Hoffnung, ungenutzte Kompetenzen an einem neuen Arbeitsplatz einsetzen zu können,
- der Wunsch nach einem Karriereschritt mit mehr Verantwortung,
- ein finanziell attraktives Angebot,
- die Entscheidung, dem Partner oder der Partnerin in eine andere Stadt folgen zu wollen,
- die Sorge, dass es mit dem aktuellen Arbeitgeber wirtschaftlich bergab geht.

Welche Gründe begegnen Ihnen in Gesprächen? Sicher könnten wir zusammen die Liste aus persönlichen Erfahrungen noch weiter ergänzen. Wechselgründe können offensichtlich sehr vielfältig sein. Doch welche Gründe sind besonders relevant? Und vor allem: Was kann in Unternehmen getan werden, um ungewollte Fluktuationen zu vermeiden? Was kann die Geschäftsleitung tun? Und welche Maßnahmen können die direkten Führungskräfte ergreifen?

Wenn Sie als Führungskraft Leistungsträger langfristig in Ihrem Team binden möchten oder sich im Personalbereich oder in der Geschäftsleitung um Mitarbeiterbindung kümmern, dann freuen wir uns, wenn Sie in diesem Buch hilfreiche Anregungen für Ihre Arbeit finden.

1.1 Einordnung des Gegenstandsbereichs

In einem Rahmenmodell, das im Abschnitt 2.1 vorgestellt wird, gruppieren wir die verschiedenen *Fluktuationsgründe* in sieben Kategorien: (1) Merkmale des Mitarbeiters[1], (2) Merkmale der Arbeitsstelle, (3) Merkmale der Organisation, (4) Soziale Interaktionen bei der Arbeit, (5) Führung, (6) Wechselwirkungen mit anderen Lebensbereichen und (7) Lage am Arbeitsmarkt. Allein die Auflistung der sieben

---

[1] Zugunsten einer besseren Lesbarkeit verwenden wir im Text in der Regel das generische Maskulinum. Diese Formulierungen umfassen gleichermaßen alle Geschlechter (m/w/d). Die verkürzte Sprachform hat nur redaktionelle Gründe und beinhaltet keine Wertung. Wenn möglich, wurde eine geschlechtsneutrale Formulierung gewählt.

Kategorien zeigt, dass das Thema Fluktuation eine Vielzahl personalpsychologischer Arbeitsfelder betrifft.

Eine wichtige Rolle spielen dabei die direkten Führungskräfte, da das Führungsverhalten ein relevanter Einflussfaktor ist und die Führungskräfte auch organisationale Rahmenbedingungen beeinflussen können. Führungskräfte können damit direkt und indirekt auf Fluktuationsabsichten und tatsächliche Fluktuation einwirken. Gleichzeitig gibt es eine Reihe von Faktoren, die völlig oder teilweise unabhängig vom Verhalten der Führungskräfte sind (z.B. Merkmale des Mitarbeiters oder die Lage am Arbeitsmarkt).

Es geht uns in diesem Band um die gesamte Bandbreite möglicher Fluktuationsursachen und damit verbundener Ansatzpunkte zur Fluktuationsvermeidung, wobei ein besonderer Schwerpunkt auf der Frage liegt, was Führungskräfte zur Vermeidung ungewollter Fluktuationen beitragen können. Dabei haben wir die direkten Führungskräfte (z.B. Teamleiter), aber auch höhere Führungsebenen (z.B. Geschäftsleitung) im Blick.

Maßnahmen zur Vermeidung ungewollter Mitarbeiterfluktuation können sich unter anderem auf die Ausbildung und Beratung von Führungskräften beziehen, auf Führungsinstrumente, auf die Gestaltung von Arbeitsbedingungen, auf den Bereich der Personalauswahl oder auf die Gestaltung von Entwicklungswegen. Damit hängt die Arbeit am Thema Fluktuation mit vielen Aufgabenbereichen der Personalpsychologie zusammen, insbesondere mit Maßnahmen aus dem Bereich der Personal- und Organisationsentwicklung.

1.2   Definitionen

Unter *Fluktuationsmanagement* verstehen wir die Analyse von Fluktuationsgründen, die Ableitung und Umsetzung von Maßnahmen zur Vermeidung ungewollter Fluktuation sowie die Evaluation der Wirksamkeit der Interventionen.

Zu unterscheiden sind außerdem Fluktuationsabsichten und tatsächliche Fluktuation sowie ungewollte und gewollte Fluktuation in Abgrenzung von der unvermeidbaren Fluktuation:
- Unter *Fluktuationsabsichten* wird der Wunsch eines Mitarbeiters verstanden, seinen Arbeitgeber zu wechseln (Baillod & Semmer, 1994). Es besteht die Intention zu kündigen, die jedoch nicht zwangsläufig in eine tatsächliche Kündigung umgesetzt wird. Fluktuationsabsichten und tatsächliche Fluktuation sind zwar deutlich miteinander korreliert ($r=.50$), aber keinesfalls identisch (Rubenstein, Eberly, Lee & Mitchell, 2018).

- Unter *ungewollter Fluktuation* verstehen wir in Anlehnung an Baillod und Semmer (1994) das freiwillige Verlassen einer Organisation durch einen Mitarbeiter, den verantwortliche Akteure der Organisation (z. B. die direkte Führungskraft, der zuständige Personalreferent) gerne weiter in der Organisation gehalten hätten. Interne Wechsel innerhalb einer Organisation, Ausscheiden aufgrund von Berufs- oder Erwerbsunfähigkeit, Verrentung, Tod sowie arbeitgeberseitige Kündigungen (betriebs-, verhaltens- oder personenbedingt) fallen damit *nicht* unter die hier gewählte Definition von ungewollter Fluktuation.
- Unter *gewollter Fluktuation* verstehen wir in Anlehnung an Baillod und Semmer (1994), dass die verantwortlichen Akteure einer Organisation sich vom ausscheidenden Mitarbeiter trennen wollten. Gründe hierfür können beispielsweise schlechte Arbeitsleistung oder Fehlverhalten (z. B. sexuelle Belästigung) sein. Das heißt jedoch nicht, dass bei jeder gewollten Fluktuation die Kündigung durch den Arbeitgeber erfolgt. Beschäftigte können einer drohenden Kündigung durch den Arbeitgeber (z. B. aufgrund von Fehlverhalten) durch eine arbeitnehmerseitige Kündigung zuvorkommen oder es wird ein Aufhebungsvertrag geschlossen. Weiterhin kann es in bestimmten Bereichen gewünscht sein, dass Mitarbeiter nach einiger Zeit auf eine neue Stelle wechseln, zum Beispiel im wissenschaftlichen Kontext, um Forschungserfahrung in anderen Laboren und Arbeitsgruppen sammeln zu können.

Unterscheidung von gewollter und ungewollter Fluktuation

Die Unterscheidung von gewollter und ungewollter Fluktuation wurde in der Forschung früh thematisiert (Baillod & Semmer, 1994) und ist nicht trivial. Fehlklassifikationen sind wahrscheinlich, allein schon durch das retrospektive Vorgehen bei der Klassifikation (Hom, Mitchell, Lee & Griffeth, 2012). Gerade wenn Aufhebungsverträge geschlossen werden, kann eine klare Unterscheidung in gewollte und ungewollte Fluktuationen in der Rückschau sehr schwierig sein. Die Frage, wer sich eigentlich trennen wollte, mag dann von Mitarbeiter und Führungskraft unterschiedlich bewertet werden.

Darüber hinaus legen Arbeitgeber auch Mitarbeitern, von denen sie sich trennen wollen, nahe, am Arbeitsmarkt nach Alternativen zu suchen und dann selbst zu kündigen. Dies wäre dann eine gewollte Fluktuation, die aber womöglich als ungewollte Fluktuation klassifiziert werden würde, wenn bei der Klassifikation nur darauf geschaut wird, wer gekündigt hat. Auch verschiedene Akteure in einer Organisation, z. B. die direkte Führungskraft, die nächsthöhere Führungskraft, Personalreferent oder Betriebsrat, können eine Kündigung unterschiedlich bewerten.

- Weiterhin gibt es Gründe für das Ausscheiden von Beschäftigten aus einer Organisation, die sich weder als gewollte noch als ungewollte Fluktuation klassifizieren lassen: Ausscheiden aufgrund von Berufs- oder Erwerbsunfähigkeit,

Verrentung, Tod. In solchen Fällen wird auch von *unvermeidbarer Fluktuation* gesprochen (Baillod & Semmer, 1994; Hom et al., 2012). Dabei ist anzumerken, dass Unternehmen sich teilweise darum bemühen, Mitarbeiter über das Erreichen der gesetzlichen Regelaltersgrenze hinaus weiter zu beschäftigen. Darüber hinaus können noch weitere Arten von unvermeidbarer Fluktuation auftreten: Wenn sich beispielsweise ein kaufmännischer Angestellter in einem Stahlwerk dazu entschließt, seinen aktuellen Beruf aufzugeben, weil er in die Altenpflege wechseln möchte, dann wäre seine Kündigung als unvermeidbare Fluktuation zu klassifizieren, da die Organisation keine Stelle im Bereich der Altenpflege anbieten kann.

1.3   Abgrenzung zu ähnlichen Begriffen

Der in diesem Band behandelte Gegenstandsbereich des Fluktuationsmanagements ist insbesondere von den Konzepten der inneren Kündigung und des Outplacements abzugrenzen:

- Wir beschäftigen uns in diesem Band nur ganz am Rande mit motivationsbedingten Fehlzeiten, Unpünktlichkeit oder Leistungsvermeidung (siehe Abschnitt 2.3), wenngleich diese Konzepte in der Fluktuationsforschung durchaus als verwandte Konzepte Beachtung finden (Blau, 1994; Morrow, McElroy, Laczniak & Fenton, 1999). Sie werden auch als eine Art Vorstufe zu tatsächlicher Fluktuation beschrieben. Zusammenfassend wird auch von *innerer Kündigung* gesprochen. Bei innerer Kündigung handelt es sich also um eine Art motivationsbedingten Rückzug durch den Mitarbeiter, verbunden mit weniger Engagement und in der Folge auch mit einem Leistungsrückgang.
- Unter Fluktuationsmanagement könnte man auch Aktivitäten des Arbeitgebers zur Gestaltung gewollter Fluktuationen verstehen. Hierfür hat sich in der Praxis das Schlagwort *Outplacement* etabliert, unter dem verschiedene Instrumente, wie Bewerbungstraining, individuelles Coaching, Beauftragung von Personalvermittlungsagenturen etc. zusammengefasst werden (Lohaus, 2010). Wir haben unsere Definition von Fluktuationsmanagement enger gefasst und fokussieren auf die Vermeidung ungewollter Fluktuationen.

1.4   Bedeutung für das Personalmanagement

In diesem Abschnitt wollen wir anhand eines Fallbeispiels aufzeigen, welche Bereiche des Personalmanagements betroffen sind und welche Kosten durch ungewollte Fluktuationen entstehen können.

Nehmen wir an, dass in einem Unternehmen mit 1.000 Beschäftigten im Laufe eines Jahres 100 Mitarbeiter die Organisation aufgrund ungewollter Fluktuation verlassen und ersetzt werden müssen. Für das Personalmanagement eines Unternehmens stellt die Nachbesetzung von 100 Stellen eine beachtliche Aufgabe dar (siehe Tabelle 1), wobei bei einzelnen Schritten auch großer Aufwand für die Fachabteilungen entsteht und die Aufgabenverteilung zwischen Personalmanagement und Fachabteilungen je nach Unternehmen sehr unterschiedlich ausfallen kann.

Tabelle 1: Anforderungen an das Personalmanagement durch ungewollte Fluktuationen

Anforderungen	Betroffener Bereich des Personalmanagements
Kündigung administrativ umsetzen (z.B. Kündigung bestätigen, Firmeneigentum zurückfordern, Arbeitszeugnis erstellen, IT-Abmeldungen anstoßen, verbleibenden Urlaubsanspruch klären)	Personalbetreuung
Maßnahmen zur Sicherung des Wissens des ausscheidenden Mitarbeiters anstoßen (z.B. Dokumentationen erstellen lassen, Übergaben an Kollegen veranlassen)	Personalentwicklung
Aktivitäten zur Mitarbeitergewinnung umsetzen (z.B. Stellenausschreibung auf verschiedenen Kanälen, aktive Ansprache interessanter Personen über soziale Netzwerke)	Personalrekrutierung
Eignungsdiagnostik vornehmen (z.B. Vorstellungsgespräch, Arbeitsproben, Assessment Center)	Personalrekrutierung
Neueinstellung administrativ umsetzen (z.B. Arbeitsvertrag erstellen, Stammdatenpflege vornehmen, Meldungen an Behörden/Krankenkasse)	Personalbetreuung
Onboarding/Einarbeitung unterstützen (z.B. durch „Welcome"-Veranstaltungen und Trainingsangebote)	Personalentwicklung

Würde unser Beispielunternehmen eine externe Agentur mit der Gewinnung von 100 Mitarbeitern beauftragen, so wäre es durchaus marktüblich, dass bei erfolgreicher Stellenbesetzung mit Kosten von ca. 25 % des Jahresgehalts zu rechnen ist. Wenn wir für unser Beispiel ein durchschnittliches Monatsgehalt von 3.500 Euro (Brutto-Jahresgehalt: 42.000 Euro) unterstellen, dann würde allein das *Recruiting* über eine externe Agentur bei 100 Stellen zu Kosten von 1.050.000 Euro im Jahr führen. Nehmen wir weiterhin an, dass ein neuer Mitarbeiter in seinem ersten Jahr im neuen Unternehmen an 15 Tagen Präsenztraining für seine *Einarbeitung* teilnimmt und veranschlagen wir hierfür 300 Euro pro Tag (Trainerkosten, Raumkosten, Catering), dann würden hierfür weitere Kosten von 450.000 Euro entstehen.

Allein diese Beispielrechnung zeigt deutlich, dass die Vermeidung von ungewollten Fluktuationen für das Personalmanagement hohe Relevanz hat, wobei wir nur einen Teil der Schritte aus Tabelle 1, die sich relativ gut abschätzen lassen, finanziell bewertet haben.

Kümmert sich eine Personalabteilung in erster Linie selbst um die Gewinnung neuer Mitarbeiter, so bedeutet eine hohe Fluktuationsquote einen hohen internen Personalaufwand. Die Kosten für externe Rekrutierungspartner fallen dann geringer aus, gleichzeitig werden aber mehr interne Kapazitäten im Personalmanagement und den Fachabteilungen gebunden. Die Kosten im Bereich des Personalmanagements sind jedoch nur ein Teil der Gesamtkosten. Wir gehen auf weitere Kostenblöcke im nachfolgenden Abschnitt ein.

1.5   Betrieblicher Nutzen

Unternehmen mit einer hohen Quote an ungewollter Fluktuation müssen viel Geld in die Einarbeitung der neuen Kollegen investieren; nicht nur in Form von „Welcome"-Veranstaltungen und fachlichen Trainings. Die Phase der Einarbeitung ist in der Regel eine Phase geringerer Produktivität des neuen Mitarbeiters und bedeutet gleichzeitig auch Aufwand für Führungskräfte, Ausbilder und weitere Kollegen in der Fachabteilung.

Wenn wir annehmen, dass ein Mitarbeiter im ersten Jahr nur 50 % seiner Arbeitszeit produktiv für sein Unternehmen arbeiten kann, also quasi die Hälfte seines Gehalts in die Einarbeitung fließt, dann müssen wir bezogen auf unser Beispiel mit 100 neuen Mitarbeitern (aus Abschnitt 1.4) 2.520.000 Euro als Einarbeitungskosten durch geringe Produktivität der Mitarbeiter noch addieren. Vereinfacht rechnen wir dabei mit Lohnnebenkosten von 20 %, die wir zum Jahresbruttolohn von 42.000 Euro noch addieren, um uns an die tatsächlichen Kosten aus der Arbeitgeberperspektive anzunähern. Wir gehen in unserem Beispiel weiterhin davon aus, dass die neu eingestellten Kolleginnen und Kollegen nach einem Jahr ihre volle Produktivität für ihr Unternehmen erreichen. Diese Betrachtung ist sehr vereinfacht, da der Zeitraum je nach Aufgabengebiet, Vorwissen, Intelligenz, Effektivität und Effizienz der Einarbeitung etc. kürzer oder länger ausfallen kann.

Nehmen wir weiterhin an, dass ein Mitarbeiter im ersten Jahr zusätzlich 20 % an Arbeitszeit von anderen Personen der Organisation in Anspruch nimmt, so kommen weitere 1.008.000 Euro hinzu, wobei wir vereinfacht ebenfalls mit einem Gehalt von 42.000 Euro (zzgl. 20 % Lohnnebenkosten) rechnen. Es resultiert somit eine Gesamtsumme von 5.028.000 Euro, wenn wir die in Abschnitt 1.4 bezifferten Kosten hinzu addieren. Enthalten sind die wichtigsten, direkten Kosten im Bereich des Personalmanagements sowie die Kosten, die im Rahmen der Einarbeitungsphase veranschlagt werden müssen. Damit kommen wir auf Kosten von etwas mehr als 50.000 Euro für jeden zu ersetzenden Mitarbeiter – deutlich mehr als sein Jahresgehalt.

Unsere Beispielrechnung ist eher als vereinfachte, konservative Kostenschätzung zu bewerten. Die Kosten hängen von vielen Faktoren ab, die sich im Einzelfall stark unterscheiden können. Unter anderem:

- Wie aufwendig ist die Einarbeitung für diese spezifische Tätigkeit/Position?
- Wie viel Wissen, Fertigkeiten, Kompetenzen gehen durch die Fluktuation verloren?
- Wie aufwendig ist die Stellenbesetzung?

Zwischen sehr einfachen und sehr komplexen Stellen können die Kosten stark variieren. In der Forschungsliteratur werden die Kosten durch ungewollte Fluktuationen eher höher eingeschätzt als in unserem Fallbeispiel (z. B. Ballinger, Craig, Cross & Gray, 2011).

Wenn das Unternehmen aus unserem Fallbeispiel einen Jahresumsatz von 500 Millionen Euro erzielt und ein Betriebsergebnis von 25 Millionen Euro, dann wird die hohe betriebswirtschaftliche Relevanz des Themas sehr schnell deutlich. Durch eine Halbierung der ungewollten Fluktuation ließen sich ca. 2.5 Millionen Euro an Kosten einsparen, was einem Zuwachs im Betriebsergebnis von 10 % entspräche.

Neben den direkten Kosten durch Fluktuationen im Bereich des Personalmanagements und durch die Einarbeitung, die sich relativ gut abschätzen lassen, gibt es eine Reihe an indirekten Effekten, die ebenfalls bedeutsam sind:

Weitere negative Auswirkungen einer hohen Fluktuationsquote

- Durch Fluktuationen geht in der Regel spezifisches Wissen verloren, das der ausscheidende Mitarbeiter mitnimmt und welches nicht gänzlich für die Organisation gesichert werden kann.
- Durch Fluktuationen fallen Ansprechpartner weg: Kunden und Lieferanten müssen sich an neue Ansprechpartner gewöhnen, interne Schnittstellenprobleme können auftreten.
- Studien zeigen negative Effekte von Fluktuationen auf Kundenzufriedenheit, Kundenbindung, Fehlerquote, Qualität der Produkte/Dienstleistungen und Produktivität (z. B. Heavey, Holwerda & Hausknecht, 2013; Knaese & Probst, 2001; Park & Shaw, 2013).
- Hinzu kommen Übertragungseffekte in der Form, dass Fluktuationen weitere Fluktuationen nach sich ziehen und so eine negative Spirale einer steigenden Fluktuationsquote in Gang bringen können (Felps, Mitchell, Hekman, Lee, Holtom & Harman, 2009).

Um die betriebliche Relevanz des Themas noch besser bewerten zu können, müssen wir uns ergänzend vor allem zwei Langzeittrends am deutschen Arbeitsmarkt vor Augen führen. Erstens nimmt die Zahl offener Stellen seit Jahren zu und zweitens geht die Zahl der Arbeitssuchenden seit Jahren zurück (siehe Abbildungen 1 und 2; das Jahr 2020 fällt aufgrund der Corona-Krise aus dem allgemeinen Trend heraus: hier hat es einen Anstieg der Arbeitslosenzahlen und einen Rückgang der Zahl der offenen Stellen gegeben). Die Abbildungen zeigen, dass sich die Zahl der Arbeitssuchenden zwischen 2008 und 2019 deutlich reduziert und gleichzeitig die Zahl der offenen Stellen deutlich zugenommen hat. Im Jahr 2005 lag die Zahl der Arbeitslosen sogar noch bei 4.9 Millionen.

Auch wenn Phasen rückläufiger Konjunktur (z. B. in der globalen Finanz- und Wirtschaftskrise 2008/2009 oder in der Corona-Krise 2020/2021) dazu führen, dass die Zahl der Arbeitssuchenden in solchen Phasen steigt und gleichzeitig offene Stellen von Unternehmen nicht besetzt oder auch bestehende Stellen gestrichen werden, so scheint der langfristige Trend am deutschen Arbeitsmarkt von starkem Wettbewerb um Fachkräfte geprägt zu bleiben.

Vor diesem Hintergrund sollte sich jede Geschäftsleitung fragen:
- Wer in unserer Personalabteilung beschäftigt sich mit Fluktuationsmanagement?
- Wie intensiv beschäftigen wir uns als Geschäftsleitung damit?
- Wie gut sind wir in der Analyse der Fluktuationsgründe?
- Welche Maßnahmen haben wir bislang abgeleitet und umgesetzt?
- Wie bewerten wir den Erfolg der Maßnahmen?
- Welche Rolle spielen die direkten Vorgesetzten in unserem Fluktuationsmanagement?

1.6   Weitere Ziele

Es ist anzunehmen, dass abwandernde Mitarbeiter, die beispielsweise mit Teamklima und Führungsverhalten unzufrieden waren und ihre Erfahrungen auf Bewertungsplattformen (z. B. https://www.kununu.com) und im Bekanntenkreis teilen, die Arbeitgebermarke beschädigen können. In der Folge gelingt es der Organisation möglicherweise immer weniger, Mitarbeiter für sich zu interessieren und zu gewinnen. Ein weiteres Ziel von Fluktuationsmanagement können somit Beiträge zur Pflege der Arbeitgebermarke sein.

Ergänzend sei erwähnt, dass für viele Unternehmen Empfehlungen durch Beschäftigte im Bekanntenkreis zu den wichtigen Rekrutierungswegen zählen. Wer einen hohen Anteil an Mitarbeitern mit Fluktuationsabsichten hat, kann kaum erwarten, dass diese in ihrem Bekanntenkreis neue Kollegen gewinnen werden. Wenn es gelingt Fluktuationsabsichten zu reduzieren, so trägt dies bestenfalls zu einer größeren Anzahl an Bewerbungen aus den Freundes- und Bekanntenkreisen der Beschäftigten bei.

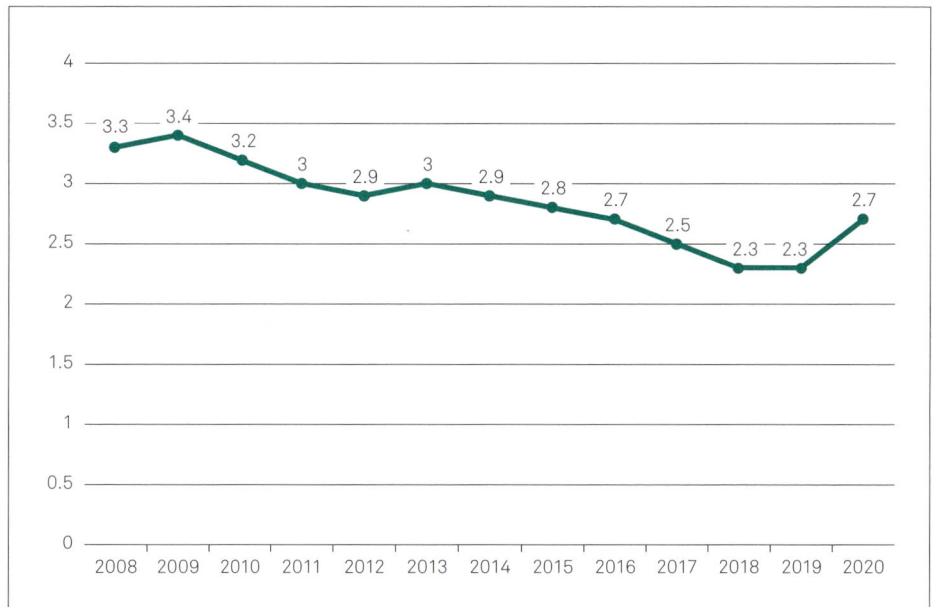

Abbildung 1:   Arbeitslosenzahlen in Deutschland (in Millionen; Bundesagentur für Arbeit, 2021)

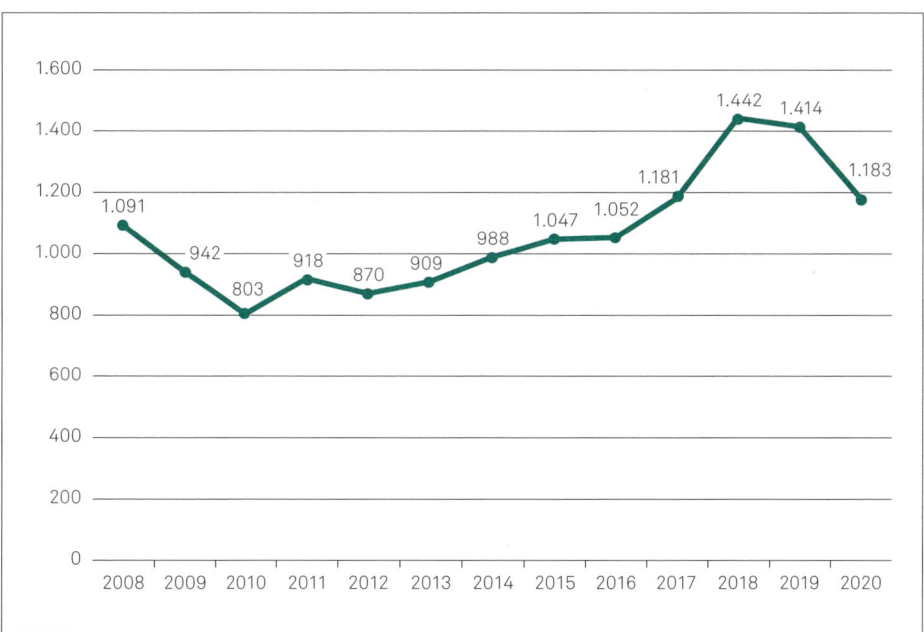

Abbildung 2:   Anzahl offener Stellen in Deutschland (in Tausend; Institut für Arbeitsmarkt- und Berufsforschung, 2021. Für die Grafik wurden die Werte des 4. Quartals eines jeden Jahres genutzt.)

2 Modelle

In diesem Kapitel skizzieren wir in Abschnitt 2.1 zunächst ein Rahmenmodell, das verschiedene Modelle auf der Grundlage von Forschungsergebnissen aus den letzten Jahrzehnten integriert. Das Rahmenmodell veranschaulicht einen Prozessablauf, beginnend bei Einflussfaktoren (z. B. wertschätzendes Führungsverhalten), über Mediatoren (z. B. Arbeitszufriedenheit) hin zur Fluktuationsabsicht und zur tatsächlichen Fluktuation. Es wurde vielfach bestätigt, dass solche Prozessmodelle einen wichtigen Beitrag zur Erklärung von Fluktuation leisten können (z. B. Kumar, Jauhari, Rastogi & Sivakumar, 2018; Podsakoff, LePinc & LcPinc, 2007; Semmer, Baillod, Stadler & Gail, 1996; Zimmerman & Darnold, 2009).

Als zweites Modell beschreiben wir in Abschnitt 2.2 das Phänomen von besonderen Ereignissen als Ursache von Fluktuationen und die damit verbundenen Entscheidungswege. Dabei handelt es sich um einen Ansatz, der klassische Fluktuationsmodelle deutlich ergänzt und einen zusätzlichen Erklärungsbeitrag zu den Ursachen von Fluktuationen leisten kann. Anschließend gehen wir in Abschnitt 2.3 auf weniger stark beforschte Ansätze ein, die noch weitere, nützliche Blickwinkel auf Fluktuationen ermöglichen.

2.1 Ein Rahmenmodell zu Fluktuation

In den letzten Jahren wurden in Metaanalysen mehr als 50 verschiedene Einflussfaktoren (z. B. wertschätzendes Führungsverhalten, Alter, Entwicklungsmöglichkeiten) auf Fluktuationsabsichten und tatsächliche Fluktuation herausgearbeitet sowie ca. 10 Mediatoren (z. B. Arbeitszufriedenheit) identifiziert, über die die Einflussfaktoren auf Fluktuationsabsichten und Fluktuationen wirken. Abbildung 3 veranschaulicht den angenommenen Prozessablauf. Dargestellt sind sieben Einflusskategorien, die drei relevantesten Mediatoren sowie Fluktuationsabsichten und tatsächliche Fluktuation als Konsequenzen.

In Abbildung 4 haben wir die sieben Einflusskategorien genauer ausdifferenziert, indem wir die in der Forschung identifizierten Einflussfaktoren (z. B. Entwicklungsmöglichkeiten) den sieben Einflusskategorien zugeordnet haben. Entsprechend diesem Modell wird beispielsweise angenommen, dass das Betriebsklima in einem Unternehmen (Einflussfaktor aus dem Bereich Merkmale der Organisation) Auswirkungen auf die Arbeitszufriedenheit (Mediator) hat, die wiederum selbst auf Fluktuationsabsichten wirkt, welche wiederum mit tatsächlichen Fluktuationen assoziiert sind. Dieser grundlegende Prozessablauf findet sich in verschiedenen Fluktuationsmodellen (z. B. Hom et al., 2012).

Die ermittelten *Mediatoren* umfassen emotionale Reaktionen wie Freude oder Wut und Bewertungen wie Arbeitszufriedenheit (z. B. Heavey et al., 2013; Miller,

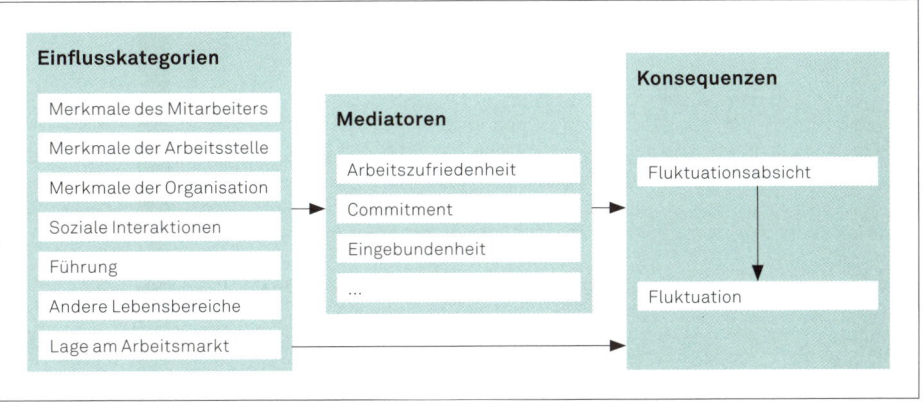

Abbildung 3:   Rahmenmodell der Fluktuation

Rutherford & Kolodinsky, 2008; Van Iddekinge, Roth, Putka & Lanivich, 2011; Zimmerman & Darnold, 2009; Zimmerman, 2008) sowie das Erleben von Eingebundenheit und Commitment (siehe Abbildung 3). Wahrscheinlich beeinflussen unmittelbare emotionale Reaktionen, die auf Ereignisse bei der Arbeit folgen, die Ausprägung der Einstellungsvariablen (z. B. Zhao, Wayne, Glibkowski & Bravo, 2007). Wenn beispielsweise ein Mitarbeiter bei einer Teambesprechung von seinem Vorgesetzten öffentlich kritisiert wird, führt dies beim Mitarbeiter zu Wut und Scham und wirkt sich in der Folge negativ auf die Arbeitszufriedenheit aus.

Wir beziehen in unser Rahmenmodell *Einflussfaktoren* ein, für die in Studien Korrelationen zu Fluktuationsabsichten oder tatsächlicher Fluktuation > .10 gefunden wurden, um uns auf die relevantesten Faktoren zu beschränken. Nachfolgend stellen wir zunächst die sieben Einflusskategorien genauer dar, bevor wir auf weitere Aspekte des Rahmenmodells eingehen. Die Gliederung der zahlreichen Einflussfaktoren in sieben Kategorien soll einen strukturierten Überblick über das sehr umfangreiche Forschungsfeld erleichtern. Wir gehen auf ausgewählte Forschungsbefunde konkreter ein, die uns für die Praxis besonders nützlich erscheinen.

2.1.1   Einflussfaktoren auf Fluktuationsabsicht und Fluktuation

Merkmale des Mitarbeiters

Fluktuationsreduzierend wirken sich vor allem aus (z. B. Allen & Griffeth, 1999; Costanza, Badger, Fraser, Severt & Gade, 2012; Harari, Manapragada & Viswesvaran, 2017; Price & Mueller, 1981; Rubenstein et al., 2018; Rudolph, Lavigne, Katz & Zacher, 2017; Steers & Mowday, 1981):

Einflusskategorien

Merkmale des Mitarbeiters	Merkmale der Arbeitsstelle	Merkmale der Organisation	Soziale Interaktionen	Führung	Andere Lebensbereiche	Lage am Arbeitsmarkt
– Gewissenhaftigkeit – Neurotizismus + Offenheit für Erfahrungen – Alter – Kinder – Betriebszugehörigkeit – **Coping-Strategien** – Anpassungsfähigkeit an Veränderungen – **Passung zur Stelle** – Passendes Qualifikationsniveau – **Passung zum Unternehmen** – Verbundenheit mit Beruf und Karriere – **Zufriedenheit mit der eigenen Karriere** – Verweildauer auf der vorherigen Stelle – Leistung	+ Rollenunklarheit + Rollenkonflikte + Arbeitsbezogene Stressfaktoren (z. B. unrealistische Zielvorgaben) – Aufgabenvielfalt – Autonomie – Ganzheitlichkeit der Aufgaben – Empfundene Wichtigkeit der Aufgaben – Nachvollziehbarkeit der Aufgaben – Angemessenheit von Aufgaben – Qualifiziertes Feedback	– Gehaltsniveau und -system – Sicherheit des Arbeitsplatzes – Gutes Betriebsklima – **Anerkennungsformen** – Organisationale Unterstützung – Gute Kommunikationsprozesse – Fairness – Entwicklungsmöglichkeiten – Partizipationsmöglichkeiten – Einhaltung expliziter und impliziter Vereinbarungen + „Politische Spiele" – Unternehmensethik/Corporate Social Responsibility (CSR)	– Positives Teamklima (gegenseitige Unterstützung) – Wertschätzende Interaktion mit anderen Abteilungen – Ausgeprägte Ratgeber- und Freundschaftsnetzwerke	– Transformationales Führungsverhalten – Gute Beziehung zum Vorgesetzten – Wertschätzendes Führungsverhalten	– Verbundenheit mit Region – **Allgemeine Lebenszufriedenheit** – Positive Einstellungen von Bezugspersonen zum Arbeitgeber + Konflikte zwischen Arbeit und anderen Lebensbereichen	– Arbeitslosenquote + Offene Stellen am Arbeitsmarkt + Akquiseverhalten anderer Organisationen

Anmerkungen: Alle dargestellten Einflussfaktoren haben einen signifikanten Zusammenhang (Korrelation) mit Fluktuation/Fluktuationsabsicht > .10. Die fett hervorgehobenen Einflussfaktoren haben einen signifikanten Zusammenhang (Korrelation) mit Fluktuation ≥ .25. + steht für positiver Zusammenhang zwischen Einflussfaktor und Fluktuationsabsicht/Fluktuation. – steht für negativer Zusammenhang zwischen Einflussfaktor und Fluktuationsabsicht/Fluktuation.

Abbildung 4: Einflusskategorien auf Fluktuationsabsicht und Fluktuation

- eine hohe Ausprägung des Persönlichkeitsmerkmals Gewissenhaftigkeit,
- eine geringe Ausprägung der Merkmale Neurotizismus und Offenheit für Erfahrungen,
- höheres Lebensalter, Kinder und längere Betriebszugehörigkeit,
- Coping-Strategien für die Herausforderungen im Arbeitsalltag,
- ein hohes Maß an Anpassungsfähigkeit an Veränderungen,
- eine gute Passung der Stelle mit den persönlichen, berufsbezogenen Interessen,
- eine gute Passung mit Blick auf die Qualifikationen (vor allem Vermeidung von Überqualifikation),
- eine gute Passung zur Organisation,
- hohe Verbundenheit mit bzw. Commitment gegenüber dem eigenen Beruf und der eigenen beruflichen Karriere,
- hohe Zufriedenheit mit der eigenen Karriere,
- eine lange Verweildauer auf der vorherigen Stelle,
- Mitarbeiter mit besserer Leistung neigen weniger stark zu Fluktuation.

Merkmale der Arbeitsstelle

Auch mit Blick auf die Gestaltung von Arbeitsstellen finden sich eine Reihe von Einflussfaktoren (z. B. Apostel, Syrek & Antoni, 2018; Podsakoff et al., 2007; Rubenstein et al., 2018; Schaubroeck, Cotton & Jennings, 1989):
- Die Vermeidung von Rollenunklarheit und Rollenkonflikten sind wichtig. Wenn beispielsweise klar ist, welche Aufgaben und Entscheidungsmöglichkeiten etc. mit einer Funktion verknüpft sind, und wenn einzelne Ziele für die Beschäftigten nicht in Widerspruch zueinanderstehen, wirkt sich dies fluktuationsreduzierend aus.
- Vermeidung weiterer hinderlicher Stressfaktoren wie unrealistische Zeitvorgaben, Wegfall von Pausen und unerwünschte Unterbrechungen bei der Arbeit,
- größere Aufgabenvielfalt, mehr Autonomie, Ganzheitlichkeit der Aufgaben und Übertragung als wichtig erlebter Aufgaben,
- Angemessenheit und Nachvollziehbarkeit von Aufgaben,
- Verfügbarkeit von qualifiziertem Feedback.

Merkmale der Organisation

Auf organisationaler Ebene gehen insbesondere die folgenden Aspekte mit geringerer Fluktuation einher (z. B. Chang, Rosen & Levy, 2009; Dhanani, Beus & Joseph, 2018; Holtom, Mitchell, Lee & Eberly, 2008; Kim, Tam, Kim & Rhee, 2017; Kumar et al., 2018, Moon, 2017; Rubenstein et al., 2018; Yang, Niven & Johnson, 2019):

- ein höheres Gehaltsniveau sowie ergänzende finanziell bewertbare Angebote (z.B. betriebliche Altersvorsorge),
- verschiedene Arten von Anerkennungsformen über das Gehalt hinaus (z.B. Karriereschritte),
- hohe Sicherheit des Arbeitsplatzes,
- ein gutes Betriebsklima,
- organisationale Unterstützung (z.B. Weiterbildungsangebote),
- gute Kommunikationsprozesse innerhalb der Organisation,
- Fairness innerhalb der Organisation,
- gute Entwicklungsmöglichkeiten,
- ausgeprägte Partizipationsmöglichkeiten,
- die Einhaltung expliziter und impliziter Vereinbarungen (sogenannter psychologischer Vertrag), zum Beispiel das implizite Versprechen, dass überdurchschnittliche Leistungen mit überdurchschnittlichen Gehaltssteigerungen belohnt werden,
- die Vermeidung politischer Spiele in einer Organisation,
- ausgeprägte Unternehmensethik (z.B. positiver Umgang mit Diversität) und Corporate Social Responsibility.

Beim Thema *Gehalt* geht es nicht nur um die absolute Höhe der Vergütung, sondern auch um die Frage, ob die Vergütung im Vergleich zu Kollegen als fair erlebt wird. Eine Mitarbeiterin, die im Marktvergleich gut bezahlt wird, wird mit ihrem Gehalt eher unzufrieden sein, wenn ihre unmittelbare Kollegin im Team bei gleicher Tätigkeit und Leistung deutlich mehr verdient als sie selbst. Für höhere Führungskräfte gibt es Befunde, dass höhere horizontale (auf gleicher Führungsebene) und vertikale Gehaltsunterschiede (zwischen Führungsebenen) mit höherer Fluktuation bei den Führungskräften und auch schlechteren betriebswirtschaftlichen Ergebnissen auf Firmenebene einhergehen (Pissaris, Heavey & Golden, 2017).

Es gibt Hinweise darauf, dass sich die absolute Höhe der Vergütung förderlich auf die intrinsische Motivation auswirkt und darüber vermittelt Fluktuationsabsichten reduziert werden (Kuvaas, Buch, Gagne, Dysvik & Forest, 2016). Weiterhin finden Kuvaas et al. (2016), dass variable Vergütungskomponenten die extrinsische Motivation fördern und darüber vermittelt mit stärkeren Fluktuationsabsichten einhergehen. Variable Vergütungskomponenten scheinen für die intrinsische Motivation neutral oder sogar hinderlich zu sein.

Unternehmen ergänzen das Gehalt ihrer Beschäftigten zunehmend um weitere Komponenten, die einen direkten finanziellen Nutzen darstellen oder zumindest finanziell bewertbar sind. Neben klassischen Komponenten (z.B. bezahlte Freistellung für Weiterbildungen, zusätzliche Urlaubstage, betriebliche Altersvorsorge, Versicherungsangebote) kommen weitere Zusatzleistungen hinzu, z.B. Gesundheitsangebote (z.B. freiwillige ärztliche Untersuchungen), Übernahme von Mitgliedsbeiträgen in Vereinen, kostenfreier Kleider-Reinigungsservice, kostenfreies Essen und kostenfreie Getränke (Renaud, Morin & Béchard, 2017). Renaud et al.

(2017) zeigen in ihrer Längsschnittstudie beachtliche positive Effekte sowohl der klassischen als auch der neueren Komponenten auf Fluktuationsabsichten auf, wobei klassische Komponenten relevanter sind.

In ihrem Review beschreiben Yang et al. (2019) *fehlende Entwicklungsperspektiven* (hierarchisch und inhaltlich) als wichtigen Prädiktor von Fluktuationsabsichten und leiten Empfehlungen für die Praxis ab (siehe auch Abschnitt 4.1.5 zur Gestaltung von Entwicklungswegen):
- neue, herausfordernde Arbeitsaufgaben bieten,
- zeitweise oder längere Stellenwechsel,
- Mentoring als attraktive Funktion für den Mentor,
- soziale Unterstützung durch die Führungskraft,
- Anerkennungsformen unabhängig von Gehalt und Beförderung,
- vielfältige Lerngelegenheiten bieten.

In den letzten Jahren sind ethische Fragen im Zusammenhang mit Fluktuationen stärker in den Fokus gerückt (z. B. Buttner & Lowe, 2017): Reduziert ausgeprägte *Unternehmensethik* die Fluktuationswahrscheinlichkeit in Organisationen? So haben Buttner und Lowe (2017) die Zusammenhänge von wahrgenommener Gehaltsfairness und wahrgenommenem Diversitätsklima zu Fluktuationsabsichten bei Angehörigen ethnischer Minderheiten in den USA untersucht. Die Autoren konnten zeigen, dass die Fluktuationsabsichten bei den Angehörigen der ethnischen Minderheiten am geringsten sind, die in ihrer Organisation ein sehr positives Diversitätsklima wahrnehmen und gleichzeitig ein hohes Maß an Gehaltsfairness mit Blick auf ihre Kollegen, die der ethnischen Mehrheit angehören, erleben. Solche Studien leisten einen Beitrag dazu, Minderheiten in Organisationen in den Blick zu nehmen und führen neue Konzepte in die Fluktuationsforschung ein, die bislang nicht im Fokus standen, wie das Diversitätsklima.

Mit ethischen Fragen eng verknüpft, wurde auch *Corporate Social Responsibility* (CSR) als Prädiktor von Fluktuationen in den letzten Jahren verstärkt untersucht (z. B. Valentine & Godkin, 2017). Bei CSR geht es darum, wie stark eine Organisation nachhaltig arbeitet, wobei ökologische, soziale und wirtschaftliche Kriterien herangezogen werden (Corsten & Roth, 2012). So fanden Ng, Yam und Aguinis (2019) in einer Studie mit Sachbearbeitern einen schwachen negativen Zusammenhang zwischen CSR und tatsächlicher Fluktuation.

Soziale Interaktionen bei der Arbeit

Die Relevanz sozialer Interaktionen für Fluktuationsabsichten und tatsächliche Fluktuation wurde vielfach bestätigt. Dabei kommt es vor allem auf die folgenden Aspekte an (z. B. Apostel et al., 2018; Baillod & Semmer, 1994; Banks, Batchelor, Seers, O'Boyle, Pollack & Gower, 2014; Ng, 2016; Perreira, Whitney & Herbert, 2018; Rubenstein et al., 2018; Schaubroeck et al., 1989; Steffens, Yang, Jetten, Haslam & Lipponen, 2018):

- ein positives, wertschätzendes Teamklima (einschließlich der Führungskraft), geprägt von gegenseitiger fachlicher und emotionaler Unterstützung,
- positive, wertschätzende Interaktionen mit Kollegen aus anderen Abteilungen, mit Kunden, mit Lieferanten etc.,
- ausgeprägte Ratgeber- und Freundschaftsnetzwerke.

Die Bedeutung eines *respektvollen Umgangs im Team* für Fluktuation wurde von Ng (2016) in einer Längsschnittstudie über einen Zeitraum von 18 Monaten aufgezeigt: Das Erleben von Respekt durch Kollegen und Führungskräfte wirkt sich über die erlebte Dankbarkeit auf tatsächliche Fluktuationen aus. Mitarbeiter, die einen respektvollen Umgang erleben, fühlen sich stärker in ihr Team eingebunden. Ng (2016) erfasste Veränderungen im Erleben von Respekt bei jungen Beschäftigten und wie sich solche Veränderungen im weiteren zeitlichen Verlauf auf die anderen Variablen auswirken. Die Studie beleuchtet damit auch die Veränderungsdynamik innerhalb von Mitarbeitern auf dem Weg zur Fluktuation. So ist es interessant zu sehen, dass Veränderungen beim Erleben von Respekt mit Veränderungen in der erlebten Dankbarkeit und dies wiederum mit Veränderungen in der empfundenen Verbundenheit (Commitment) mit dem Team einhergeht. Eine Zunahme an Verbundenheit ist wiederum mit einer geringeren Fluktuationswahrscheinlichkeit assoziiert.

Die Autoren leiten verschiedene Empfehlungen für die Praxis daraus ab, die darauf abzielen, *Wertschätzung* zu vermitteln:
- die Sichtbarkeit von Mitarbeitern innerhalb der Organisation erhöhen,
- die Beiträge der Mitarbeiter anerkennen,
- Entwicklungsmöglichkeiten aufzeigen,
- Mitarbeiter in Entscheidungsprozesse einbinden,
- Mitarbeitern konstruktives Feedback geben,
- Anerkennung von Leistung in der Vergütung.

Darüber hinaus schlagen die Autoren Instrumente vor, die wertschätzendes Verhalten untereinander fördern, beispielsweise Zeit und Anlässe für Austausch untereinander. Insgesamt empfehlen sie Interventionen, die darauf abzielen, gegenseitiges Interesse, die Wahrnehmung verschiedener Anliegen und Bedürfnisse, Respekt vor der Leistung der einzelnen Kollegen und Hilfsbereitschaft zu fördern.

Shaukat, Yousaf und Sanders (2017) finden Hinweise für Konflikte in Teams als Ursache für Fluktuationsabsichten. Und O'Reilly, Caldwell und William (1989) konnten in einer Längsschnittstudie über 5 Jahre belegen, dass eher außenstehende Teammitglieder mit höherer Wahrscheinlichkeit fluktuieren.

Porter, Woo, Allen und Keith (2019) zeigen in einer Metaanalyse, dass instrumentelle und expressive Netzwerkzentralität relevante Einflussfaktoren für Arbeitszufriedenheit und Commitment sind. Bei *instrumenteller Netzwerkzentralität* geht es um die Frage, wie stark ein Mitarbeiter in Ratgebernetzwerke integriert ist und beispielsweise von anderen für seine Arbeit hilfreichen, fachlichen Rat erhält. Instrumentelle Netzwerkzentralität wirkt vermittelt über Leistung reduzierend auf Fluktuation. Bei *expressiver Netzwerkzentralität* geht es um Freundschaftsnetzwerke, unter anderem: Mit wie vielen Kollegen ist ein Mitarbeiter befreundet? Commitment und Arbeitszufriedenheit fungieren als Mediatoren (siehe Abschnitt 2.1.2) zwischen instrumenteller und expressiver Netzwerkzentralität und Fluktuation. Expressive Netzwerkzentralität scheint für die Arbeitszufriedenheit wichtiger zu sein und ist insgesamt relevanter für Fluktuation als instrumentelle Netzwerkzentralität. Porter, Woo und Campion (2016) zeigen ergänzend, dass interne Networking-Aktivitäten sich fluktuationsmindernd auswirken.

Vardaman, Taylor, Allen, Gondo und Amis (2015) argumentieren, dass die sozialen Kosten eines Wechsels (z. B. der Abbruch von Freundschaften) dann stärker in die Betrachtung einbezogen werden, wenn Fluktuationsabsichten sich konkretisieren. Die möglichen sozialen Kosten eines Wechsels erscheinen dann näherliegend und werden konkreter bedacht. Damit fallen sie stärker ins Gewicht. Wer über starke soziale Vernetzungen in einer Organisation verfügt, wird in dieser Phase mit höherer Wahrscheinlichkeit wieder Abstand von einem Wechsel nehmen. Die Autoren legen Belege sowohl für Ratgeber- als auch für Freundschaftsnetzwerke vor: Beide beeinflussen den Prozess von Fluktuationsabsichten zu tatsächlicher Fluktuation, wobei Freundschaftsnetzwerke an dieser Stelle wichtiger zu sein scheinen. Damit leistet die Forschungsarbeit einen wichtigen Beitrag zu der Frage, warum Fluktuationsabsichten nicht noch stärker mit tatsächlicher Fluktuation in Zusammenhang stehen (die Korrelation liegt bei $r = .50$; siehe Abschnitt 1.2). Neben der tatsächlichen Möglichkeit eines Wechsels mit Blick auf externe Einflussfaktoren (z. B. Sind überhaupt freie Stellen verfügbar? Befürwortet mein Partner eine Kündigung?) spielen somit die sozialen Verknüpfungen eine wichtige Rolle, ob Fluktuationsabsichten umgesetzt werden oder nicht.

Führung

Die Wirkung von Führungsverhalten insbesondere auf affektives Commitment und Fluktuationsabsichten kann als gut untersucht und bestätigt gelten. Besonders relevant sind dabei die folgenden Ansätze (z. B. Apostel et al., 2018; Felfe, 2006, 2009, 2020; Krackhardt, McKenna, Porter & Steers, 1981; Reina, Rogers, Peterson, Byron & Hom, 2018; Rockstuhl, Dulebohn, Ang & Shore, 2012; Rubenstein et al., 2018; Sahu, Pathardikar & Kumar, 2018; Schyns & Schilling, 2013):

- transformationales Führungsverhalten,
- die Gestaltung guter Beziehungen zwischen Führungskraft und Mitarbeitern,
- wertschätzende Führung.

Führungskräfte können Fluktuation auf verschiedenen Wegen beeinflussen: Ihr Führungsverhalten wirkt direkt in der täglichen Interaktion auf die geführten Mitarbeiter, und sie gestalten darüber hinaus die Arbeitsbedingungen mit. Zudem fungieren sie als Vorbild, was eigene geäußerte Fluktuationsabsichten und die tatsächliche Fluktuation der Führungskraft miteinschließen kann. Rathi und Lee (2017) zeigen beispielsweise die Relevanz von Unterstützung durch die Führungskraft zur Reduktion von Fluktuationsabsichten auf, wobei sich unterstützendes Führungsverhalten auch positiv auf die allgemeine Lebenszufriedenheit der Mitarbeiter auszuwirken scheint.

In einem Feldexperiment konnten Moen et al. (2017) positive Effekte von *flexibleren Arbeitsmodellen* (flexible Arbeitszeitgestaltung und flexible Wahl des Arbeitsortes durch den Arbeitnehmer) in Verbindung mit Unterstützung durch die Führungskraft bei privaten Anliegen auf Fluktuationsabsichten und tatsächliche Fluktuation nachweisen. Die Mitarbeiter in der Interventionsgruppe mit flexibleren Arbeitsmöglichkeiten und Unterstützung durch die Führungskraft wiesen eine um 40 % reduzierte Fluktuationswahrscheinlichkeit auf im Vergleich zu Mitarbeitern einer Kontrollgruppe. Dabei gehen die Autoren davon aus, dass flexiblere Arbeitsmodelle und Unterstützung durch die Führungskraft bei den Mitarbeitern Stresserleben und Konflikte zwischen Arbeit und Familie reduzieren sowie die Arbeitszufriedenheit steigern und darüber vermittelt auf Fluktuationsabsichten und tatsächliche Fluktuationen wirken.

Vielversprechend zur Steigerung von affektivem Commitment und zur Reduktion von Fluktuationsabsichten ist der Führungsansatz der *transformationalen Führung,* bei dem folgende vier Facetten unterschieden werden (Felfe, 2009, 2020): (1) Vorbildlichkeit und Glaubwürdigkeit der Führungskraft, (2) Begeisternde Visionen, (3) Anregung zu kreativem und unabhängigem Denken und (4) Individuelle Unterstützung und Förderung.

Felfe (2005) berichtet für deutsche Stichproben Korrelationen zwischen .26 und .35 für den Zusammenhang von transformationaler Führung und affektivem Commitment. Sahu et al. (2018) finden eine Korrelation von –.25 zwischen transformationaler Führung und Fluktuationsabsichten.

Auch Konzepte wie *Empowerment* (Kim & Fernandez, 2017) werden in Zusammenhang mit Fluktuationsabsichten untersucht. Kim und Fernandez (2017) finden direkte und indirekte Effekte (vermittelt über Arbeitszufriedenheit) von Empowerment auf Fluktuationsabsichten. Empowerment als Führungsansatz bedeutet für Führungskräfte vor allem:
- Informationen zu Zielen/zur wirtschaftlichen Lage der Organisation geben,
- Feedback zur Leistung des Mitarbeiters geben,
- aufgabenbezogene Qualifizierungsmöglichkeiten anbieten,
- leistungsorientierte Belohnung (Gehalt und Beförderung),
- Einflussmöglichkeiten und Entscheidungskompetenz gewähren (Kim & Fernandez, 2017).

Wechselwirkungen mit anderen Lebensbereichen

Zur Vermeidung von Fluktuation sollten auch die Wechselwirkungen zwischen Arbeit und anderen Lebensbereichen beachtet werden. Fluktuationsreduzierend wirken sich vor allem aus (z. B. Azar, Khan & Van Eerde, 2018; Baillod & Semmer, 1994; Butts, Casper & Yang, 2013; Moazami-Goodarzi, Nurmi, Mauno, Aunola & Rantanen, 2019; Rubenstein et al., 2018):

- eine starke Verbundenheit des Mitarbeiters und wichtiger Bezugspersonen mit der Region des Unternehmensstandortes,
- eine hohe allgemeine Lebenszufriedenheit des Mitarbeiters,
- positive Einstellungen zum Arbeitgeber bei wichtigen Bezugspersonen,
- die Vermeidung von Konflikten zwischen Arbeit und anderen Lebensbereichen.

Fluktuation wird zum einen von Faktoren beeinflusst, die Mitarbeiter quasi von ihrer aktuellen Arbeitsstelle wegtreiben (z. B. erlebte Unfairness), und zum anderen von Faktoren, die Mitarbeiter von ihrer Arbeitsstelle wegziehen (z. B. der räumliche Veränderungswunsch des Lebenspartners). Es gibt also sogenannte *Push- und Pull-Faktoren*. Für Führungskräfte in Organisationen ist es wichtig, auch die Pull-Faktoren im Blick zu haben, was den Blick auf Wechselwirkungen mit anderen Lebensbereichen lenkt (Hom, Lee, Shaw & Hausknecht, 2017; March & Simon, 1958).

Baillod und Semmer (1994) konnten aufzeigen, dass die Frage, wie wichtige *Bezugspersonen im privaten Bereich* einen möglichen Wechsel sehen, von hoher Relevanz ist. Solche Erkenntnisse sind aus praktischer Perspektive bedeutsam, da sie die Frage aufwerfen, was eine Organisation tun kann, um im privaten Umfeld der Mitarbeiter positiv wahrgenommen zu werden (z. B. die Einladung von Familienmitgliedern zu Firmenveranstaltungen), beziehungsweise was zur Vereinbarkeit der verschiedenen Rollen und daraus resultierenden Anforderungen getan werden kann: Welche Erwartungen haben beispielsweise Partner, Kinder, die eigenen Eltern und Freunde von Mitarbeitern an die Arbeitsbedingungen in einer Organisation? Und was kann die Organisation zur Erfüllung dieser Anliegen beitragen?

Fasbender, Van der Heijden und Grimshaw (2019) konnten in einer Studie mit Pflegekräften zeigen, dass der negative Zusammenhang von Arbeitszufriedenheit und Fluktuationsabsicht höher ausfällt, wenn die Beschäftigten starke Verbindungen im privaten Umfeld unterhalten (z. B. Zeit mit der Familie, Freunden und bei Gemeindeaktivitäten verbringen). Arbeitszufriedenheit trägt also vor allem dann zur Reduktion von Fluktuationsabsichten bei, wenn die Beschäftigten ausreichend Gelegenheit haben, ihre privaten Rollen gut auszufüllen. Zudem puffern diese privaten Komponenten die Wirkung von negativem, beruflichen Stresserleben auf Fluktuationsabsichten ab. Die Autoren empfehlen Führungskräften, ihre Mitarbeiter dazu zu ermuntern, ihr soziales Netzwerk zu pflegen und auszubauen, zum Beispiel durch die Mitgliedschaft in Vereinen.

Lage am Arbeitsmarkt

Bedeutsamen Einfluss haben auch Merkmale des Arbeitsmarktes, in dem sich eine Organisation befindet (vgl. Abschnitt 1.5 zu Langzeittrends am deutschen Arbeitsmarkt). Mit geringerer Fluktuation gehen dabei vor allem die folgenden Aspekte einher (z. B. Hulin, Roznowski & Hachiya, 1985; Rubenstein et al., 2018; Semmer, Elfering, Baillod, Berset & Beehr, 2014; Steers & Mowday, 1981):

- eine hohe Zahl an Arbeitssuchenden im relevanten Arbeitsmarkt,
- eine geringe Zahl an offenen Stellen im relevanten Arbeitsmarkt,
- schwach ausgeprägtes Akquise-Verhalten anderer Organisationen im relevanten Arbeitsmarkt (Wie offensiv werden offene Stellen beworben? Wie aktiv werden Abwerbungsversuche unternommen? Womit locken Wettbewerber am Arbeitsmarkt?).

Es gibt einen relevanten Anteil an Beschäftigten, die eigentlich mit ihrer Arbeitsstelle zufrieden sind und dennoch durch externe Ereignisse (z. B. attraktives Angebot) zur Kündigung bewegt werden (z. B. Semmer et al., 2014). Angebote anderer Arbeitgeber dienen quasi als Referenzrahmen für die eigenen Erwartungen und sind in der Folge bedeutsam für die Arbeitszufriedenheit (z. B. Hulin et al., 1985; Steers & Mowday, 1981). In diesem Sinne sind gute Alternativen Opportunitätskosten: Ein Mitarbeiter verzichtet auf etwas Attraktives und wird in der Folge unzufriedener mit der eigenen Stelle (z. B. Hulin et al., 1985). Verantwortliche in Organisationen sollten ihre relevanten Wettbewerber am Arbeitsmarkt und deren Stärken sowie Schwächen kennen und diese unter der folgenden Fragestellung analysieren: Wie nehmen meine Mitarbeiter den Arbeitsmarkt wahr und dabei vor allem ihre persönlichen Alternativen?

Fazit: Die relevantesten Einflussfaktoren

Die bisherigen Ausführungen zeigen, dass es eine Vielzahl an Einflussfaktoren gibt, die jeweils für sich betrachtet in geringem bis moderatem Zusammenhang mit Fluktuationsabsichten und Fluktuation stehen, und Korrelationen von ca. .10 bis ca. .40 zwischen Prädiktor und Kriterium aufweisen (vgl. Rubenstein et al., 2018). Unter *Prädiktoren* werden die genannten Einflussfaktoren verstanden (z. B. transformationales Führungsverhalten), während Fluktuationsabsichten oder tatsächliche Fluktuationen in den zugrundeliegenden Studien die betrachteten *Kriterien* sind, deren Ausprägung durch die Prädiktoren prognostiziert werden soll. Den einen zentralen, herausstechenden Einflussfaktor gibt es nicht. Dennoch gibt es Unterschiede in der Bedeutung der verschiedenen Einflussfaktoren.

Aus Sicht von Personalmanagern und anderen Führungskräften stellt sich die Frage, welche der zahlreichen Einflussfaktoren denn nun besonders relevant sind. Basierend auf der Metaanalyse von Rubenstein et al. (2018) heben sich die folgenden vier Einflussfaktoren auf tatsächliche Fluktuation ein Stück weit von den anderen Faktoren ab ($r \geq .25$), wobei wir Mediatoren, wie die Arbeitszufriedenheit, an dieser Stelle nicht aufführen, sondern uns auf Faktoren beziehen, die wir im Prozessmodell als Einflussfaktoren klassifizieren (siehe Abbildung 4 auf Seite 12). Dabei ergeben sich gewisse Unschärfen in der Klassifikation, da manche Variablen sowohl als Einflussfaktor wie auch als Mediator klassifiziert werden können, zum Beispiel die Zufriedenheit mit der eigenen beruflichen Karriere. Die in Klammern angegebenen Korrelationen sind der Metaanalyse von Rubenstein et al. (2018) entnommen. Eine etwas vage Sammelkategorie der Metaanalyse mit der Bezeichnung „other commitment" beziehen wir nicht mit ein.

Die wichtigsten Einflussfaktoren auf tatsächliche Fluktuation im Überblick

- Zufriedenheit über die unmittelbare Arbeitszufriedenheit hinaus, vor allem Zufriedenheit mit der eigenen beruflichen Karriere und die allgemeine Lebenszufriedenheit ($r=-.38$)
- Verfügbarkeit von Coping-Strategien, um mit besonderen Arbeitsanforderungen umgehen zu können ($r=-.32$)
- Anerkennungsformen über das normale Gehalt hinaus, z. B. Benefits, Lern- und Weiterbildungsmöglichkeiten, Karrieremöglichkeiten ($r=-.28$)
- Passung zur Organisation und zur konkreten Stelle ($r=-.25$)

Bemerkenswert erscheint uns die Bedeutung der Zufriedenheit mit der eigenen beruflichen Karriere. Auch bei den Anerkennungsformen tauchen *Karrieremöglichkeiten* auf. Für Organisationen bedeutet das, dass die Gestaltung von Entwicklungswegen und die Begleitung von Mitarbeitern in ihrer beruflichen Karriereentwicklung einer der wichtigsten Ansatzpunkte zur Vermeidung von Fluktuation zu sein scheint (siehe Abschnitt 4.1.5). Das kann auch Beratungs- und Coachingangebote einschließen, die zu mehr Zufriedenheit mit der eigenen beruflichen Karriere beitragen.

Auch die Relevanz von *Coping-Strategien* ist beachtenswert, wenngleich für die Metaanalyse nur sieben Primärstudien herangezogen werden konnten. Es stellt sich daher die Frage, wie Organisationen die Entwicklung der notwendigen Coping-Strategien unterstützen können (z. B. im Rahmen der Einarbeitung; siehe Abschnitt 4.1.1) oder Anforderungen so gestalten können, dass die Mitarbeiter sie mit ihren vorhandenen Coping-Strategien bewältigen können.

Die Bedeutung der *allgemeinen Lebenszufriedenheit* mag überraschen und wirft die Frage auf, welche Ansatzpunkte sich in diesem Feld für Organisationen finden lassen (z. B. Förderung sozialer Kontakte über Betriebssportgruppen und andere Freizeitangebote, Beratungsangebote in privaten Problemlagen, Förderung der Vereinbarkeit der beruflichen mit anderen Rollen; siehe das Fallbeispiel in Abschnitt 5.3).

Die Relevanz der *Passung* zur Organisation und zur konkreten Stelle verdeutlicht, wie wichtig auch das Finden passender Mitarbeiter zur Vermeidung von Fluktuationen ist, und belegt die Bedeutsamkeit von Interventionen zur Verbesserung der Passung (z. B. interne Wechsel von Mitarbeitern auf besser passende Stellen; siehe auch Abschnitt 4.1.3).

Die Bedeutung von Emotionen im Fluktuationsprozess

In den letzten Jahren ist die Frage, welche Emotionen Mitarbeiter bei der Arbeit erleben und wie diese wiederum Einstellungen und Verhalten beeinflussen, stärker in den Fokus der Forschung gerückt. So zeigen Kraemer, Gouthier und Heidenreich (2017), dass ein Lob des Vorgesetzten das Erleben von Stolz auf die eigene Leistung auslösen kann, was in der Folge die Arbeitszufriedenheit erhöht und darüber vermittelt reduzierend auf Fluktuationsabsichten wirkt. Das Erleben von Stolz auf die eigene Leistung ist zudem mit der Emotion Freude assoziiert. Auch Ng (2016) und Zhao et al. (2007) finden Belege für die Relevanz emotionaler Erlebnisse im Fluktuationsprozess. Das erweiterte Rahmenmodell in Abbildung 5 veranschaulicht die Annahme, dass die in diesem Abschnitt erläuterten Einflussfaktoren zumindest teilweise über emotionale Reaktionen auf Einstellungsvariablen (z. B. Arbeitszufriedenheit) wirken. Erleben Mitarbeiter beispielsweise positive soziale Interaktionen mit ihren Kollegen, so ist anzunehmen, dass diese Interaktionen mit dem Erleben positiver Emotionen einhergehen, was sich darüber vermittelt auf Arbeitszufriedenheit, Commitment und das Erleben von Eingebundenheit auswirken dürfte.

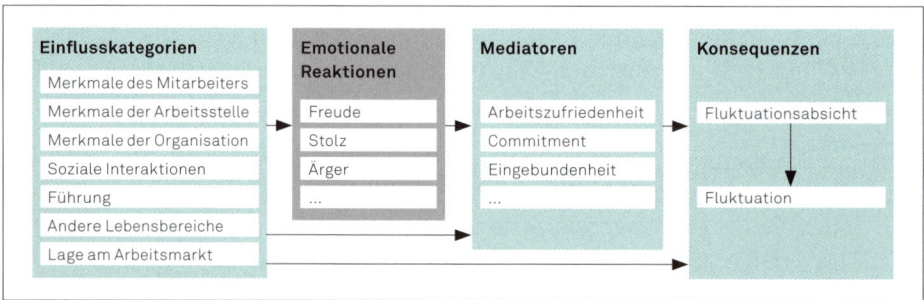

Abbildung 5:   Um emotionale Reaktionen erweitertes Rahmenmodell der Fluktuation

Solche Überlegungen haben für die Praxis und die folgenden Fragestellungen hohe Relevanz (siehe auch Abschnitt 3.3):
- Welche emotionsauslösenden Ereignisse erleben Mitarbeiter bei ihrer Arbeit?
- Welche Emotionen werden ausgelöst? Wie stark sind diese Emotionen?

- Wie kann die Auftretenswahrscheinlichkeit von Ereignissen erhöht werden, die positive Emotionen auslösen?
- Wie kann die Auftretenswahrscheinlichkeit von Ereignissen reduziert werden, die negative Emotionen auslösen?
- Wie können Coping-Strategien gefördert werden, die einen konstruktiven Umgang mit Ereignissen ermöglichen, die negative Emotionen auslösen?

2.1.2 Zentrale Mediatoren im Rahmenmodell: Arbeitszufriedenheit, Commitment und Eingebundenheit

Die im Rahmenmodell berücksichtigten Einflussfaktoren (z.B. Gehaltsniveau, Führung, offene Stellen am Arbeitsmarkt) wirken teilweise direkt, aber auch vermittelt über diverse Mediatoren auf Fluktuationsabsichten und Fluktuation; darunter sind Arbeitszufriedenheit (z.B. Ferreira, Martinez, Lamelas & Rodrigues, 2017), Commitment (z.B. Bentein, Vandenberghe, Vandenberg & Stinglhamber, 2005; Felfe, 2020), Eingebundenheit (in der Originalliteratur: „embeddedness"; z.B. Jiang, Liu, McKay, Lee & Mitchell, 2012; Tanova & Holtom, 2008), Stresserleben (z.B. Chang et al., 2009) oder die erlebte Sinnhaftigkeit der Arbeit (Leunissen, Sedikides, Wildschut & Cohen, 2018).

Arbeitszufriedenheit und Commitment spielen seit Jahrzehnten die wichtigste Rolle in Fluktuationsmodellen (z.B. Felfe, 2020; Gaertner, 1999; March & Simon, 1958; Price & Mueller, 1981), ergänzt um Eingebundenheit (z.B. Lee, Burch & Mitchell, 2014; Sender, Rutishauser & Staffelbach, 2018). Diese drei Konzepte sind in ihrer Relevanz vielfach belegt und machen den Kern vieler Fluktuationsmodelle aus (Hom et al., 2017).

Im Hinblick auf das Konzept der *Arbeitszufriedenheit* werden neben allgemeiner Arbeitszufriedenheit auch spezifische Zufriedenheitsdeterminanten differenziert, z.B. Zufriedenheit mit dem Arbeitsinhalt (z.B. Baillod & Semmer, 1994) oder Zufriedenheit mit den erreichten Karriereschritten (z.B. Guan, Jiang, Wang, Mo & Zhu, 2017).

Hinsichtlich der empfundenen Verbundenheit *(Commitment)* werden in der Regel drei Formen unterschieden: affektives, kalkulatorisches und normatives Commitment (z.B. Meyer, Stanley, Herscovitch & Topolnytsky, 2002). Bei affektivem Commitment geht es um die emotionale Bindung eines Mitarbeiters an seine Organisation, bei kalkulatorischem Commitment geht es um die Frage, was ein Mitarbeiter durch einen Wechsel verlieren würde, bei normativem Commitment geht es darum, wie stark sich ein Mitarbeiter moralisch seinem Unternehmen gegenüber verpflichtet fühlt. Ein Mitarbeiter, in dessen Weiterbildung ein Unternehmen stark investiert hat, fühlt sich womöglich moralisch dazu verpflichtet, dem

Unternehmen durch besondere Leistungen und Betriebstreue etwas zurückzuge-ben. Demgegenüber ist ein Mitarbeiter, der durch einen Wechsel den Verlust von Incentives befürchtet, eher über kalkulatorisches Commitment gebunden. Ein Mitarbeiter, der sich für sein Unternehmen begeistern kann, ist hingegen über affektives Commitment gebunden. Alle drei Formen von Commitment stehen in Zusammenhang mit Fluktuationsabsichten und tatsächlicher Fluktuation, wobei affektives Commitment am relevantesten ist (Meyer et al., 2002, 2014). Zu die-sem Konzept liegt, auch unabhängig von Fluktuation als Ergebnisvariable, sehr viel Forschung vor, auf die wir in unserem Band nicht eingehen. Wer sich inten-siver mit Commitment beschäftigen möchte, findet für die Praxis wertvolle An-regungen bei van Dick (2017) oder Felfe (2020).

Eingebundenheit setzt sich ebenfalls aus drei Komponenten zusammen: Zunächst geht es um die Frage, wie stark die sozialen Verbindungen bei der Arbeit und auch am Wohnort sind, zweitens um mögliche Verluste durch einen Wechsel und drit-tens um die generelle Passung zur Organisation. Gerade private Verknüpfungen am Wohnort scheinen besonders wichtig zu sein (z. B. Lee, Mitchell, Sablynski, Burton & Holtom, 2004). Im Abschnitt 2.1.1 sind wir unter der Überschrift „Wech-selwirkungen mit anderen Lebensbereichen" bereits darauf eingegangen.

Das Rahmenmodell als dynamisches Modell

Im Fluktuationsprozess geht es nicht nur um den absoluten Ausprägungsgrad einer Variablen, sondern auch um Veränderungen der Variablen mit der Zeit. So verän-dern sich beispielsweise Arbeitszufriedenheit, Commitment und Fluktuations-absichten über die Zeit hinweg (Bentein et al., 2005; Chen, Ployhart, Thomas, An-derson & Bliese, 2011). Bentein et al. (2005) konnten zeigen: Je deutlicher der Rückgang an Commitment im Zeitverlauf ausfällt, umso stärker ist auch die Aus-prägung von Fluktuationsabsichten und tatsächlicher Fluktuation. Die Autoren ziehen die Schlussfolgerung, dass für Fluktuationsabsichten und tatsächliche Fluktuationen Veränderungen im Commitment relevanter sind als das absolute Niveau. Ähnliche Befunde ergaben sich für die Arbeitszufriedenheit (Liu et al., 2012). In der aktuellen Fluktuationsforschung gilt die Beschäftigung mit solchen dynamischen Prozessen als besonders vielversprechend, um Fluktuationen noch besser beschreiben und vorhersagen zu können (Hom et al., 2017). Für die Praxis bedeutet dies beispielsweise, dass Führungskräfte in regelmäßigen Abständen die Verbundenheit mit der Organisation oder auch die Arbeitszufriedenheit mit einem Mitarbeiter reflektieren sollten, um auf negative Veränderungen reagieren zu kön-nen (siehe auch Abschnitt 3.3).

2.1.3 Konsequenzen im Rahmenmodell: Unterscheidung von Fluktuationsabsichten und tatsächlicher Fluktuation

In mehreren Prozessmodellen wird herausgearbeitet, dass viele unzufriedene Mitarbeiter nicht einfach kündigen, sondern zunächst versuchen, die Situation zu verbessern (z. B. Farrell & Rusbult, 1981; Steers & Mowday, 1981). Das kann beispielsweise bedeuten, dass sie ihre Unzufriedenheit mit Blick auf bestimmte Arbeitsbedingungen gegenüber ihren Vorgesetzten ansprechen oder dann im weiteren Zeitverlauf auch Fluktuationsabsichten äußern. Diese werden aber nicht zwangsläufig in eine tatsächliche Fluktuation umgesetzt. Fluktuationsabsichten sind daher Bestandteil der meisten Fluktuationsmodelle (Hom et al., 2017).

Im Zusammenhang mit Fluktuationsabsichten sind auch die wahrgenommenen Möglichkeiten am Arbeitsmarkt relevant: Hat ein Mitarbeiter den Eindruck sich verändern zu können, oder sind seine Entscheidungsmöglichkeiten eingeschränkt? (Hom et al., 2017). Es geht hier also aus der Perspektive des Mitarbeiters um die Frage, ob aus einem Veränderungswunsch tatsächlich eine Fluktuation werden kann, beziehungsweise zu welchem Zeitpunkt dies möglich ist. Dabei gibt es eine Reihe von Faktoren, die Entscheidungsmöglichkeiten des Mitarbeiters einschränken, beispielsweise:
• spezifische Qualifikationen, die stark an das Unternehmen gebunden sind,
• wenig Stellenangebote für ein spezifisches Profil,
• familiäre Verpflichtungen, die einen Umzug erschweren,
• starke Bemühungen des Arbeitgebers, einen Mitarbeiter zu halten.

Es ist also anzunehmen, dass Führungskräften in vielen Fällen zwischen dem Aufkommen von Fluktuationsabsichten und der tatsächlichen Fluktuation Zeit verbleibt, um intervenieren zu können.

Hom et al. (2012) stellen eine Reihe von Überlegungen zum Zusammenhang von Fluktuationsabsichten mit tatsächlicher Fluktuation an. Dabei stellen sie die beiden folgenden Komponenten in den Fokus: (1) Einfluss durch den Arbeitgeber (z. B. Signale, dass die Fluktuation gewollt oder ungewollt ist) und (2) externe Einflüsse (z. B. Partner drängt auf Kündigung oder rät davon ab).

Für Führungskräfte können daraus zwei Fragestellungen abgeleitet werden:
• Was kann die Führungskraft für Signale senden, um eine ungewollte Fluktuation zu verhindern (z. B. durch starkes Interesse an Gründen für Unzufriedenheit in Bindungsgesprächen; siehe Abschnitt 4.1.6)?
• Wer nimmt extern Einfluss und wie kann die Führungskraft damit umgehen (z. B. durch Angebote zur besseren Vereinbarkeit von Beruf und Familie)?

2.1.4   Praktische Relevanz des Rahmenmodells

Das in den vorhergehenden Abschnitten skizzierte Modell integriert zahlreiche Befunde zu gut etablierten Prozessmodellen. Im Rahmenmodell unterscheiden wir Einflussfaktoren, die vor allem über Arbeitszufriedenheit, Commitment und Eingebundenheit auf die Fluktuationsabsicht und Fluktuation wirken, wobei wir ebenso auf die Relevanz von Emotionen hinweisen.

Der skizzierte Prozess bietet im zeitlichen Ablauf verschiedene Ansatzpunkte für Interventionen. Wir sehen vor allem die Möglichkeit, bei den Einflussfaktoren direkt anzusetzen, um *Fluktuationsprävention* zu betreiben. Organisationen sollten sich mit den besonders relevanten Einflussfaktoren intensiv beschäftigen: Welche Entwicklungsmöglichkeiten gibt es und wie werden Mitarbeiter in ihrer Karriereentwicklung gefördert? Welche Anerkennungsformen gibt es über das normale Gehalt hinaus? etc. Die Frage, welche Emotionen Mitarbeiter bei ihrer Arbeit erleben, kann ein weiterer Ansatzpunkt sein: Wie oft erleben Mitarbeiter beispielsweise Wut oder Angst und in welcher Intensität? Genauso sehen wir die Möglichkeit, später im Prozess anzusetzen, insbesondere dann, wenn Unzufriedenheit geäußert wird oder Hinweise auf abnehmendes Commitment und abnehmende Eingebundenheit vorliegen. Auch die Äußerung von Fluktuationsabsichten ist ein Ansatzpunkt für Interventionen (z. B. in der Form von Bindungsgesprächen; siehe Abschnitt 4.1.6).

Das vorgestellte Rahmenmodell ermöglicht einen systematischen Überblick über gut etablierte Komponenten und Mechanismen, wird aber der Vielschichtigkeit und den möglichen Wechselwirkungen, direkten und indirekten Verknüpfungen des tatsächlichen Fluktuationsprozesses sicher nur in grober Annäherung gerecht. Es ist nicht als Gesamtmodell wissenschaftlich geprüft, sondern es soll als ein Orientierungsrahmen für Praktiker dienen, vor dessen Hintergrund beispielsweise die folgenden Fragen analysiert werden können:

- Haben wir in unserer Organisation belastbare Daten zu den Einflussfaktoren und zentralen Mediatoren? Wissen wir also, wo wir gut sind und wo nicht?
- Wo haben wir blinde Flecken?
- An welchen Stellen setzen wir aktuell mit Interventionen an? An welchen (noch) nicht?

Es lohnt sich für Organisationen, die Einflussfaktoren auf Fluktuationsabsichten und tatsächliche Fluktuation anzugehen. In Studien liegen die meisten Korrelationskoeffizienten zwischen den Einflussfaktoren (z. B. Gehaltshöhe) und tatsächlicher Fluktuation in einer Höhe von ca. .10 bis ca. .40 (vgl. Abschnitt 2.1.1). Diese Werte mögen auf den ersten Blick eher gering erscheinen. Dabei ist aber zu beachten, dass sich hinter einer eher moderaten Korrelation deutliche Unterschiede in den Fluktuationswahrscheinlichkeiten verbergen können, wie Semmer et al. (1996) aufzeigen. In ihrer Studie ergibt sich für den Einflussfaktor Führungsklima eine Korrelation von .33 mit den tatsächlichen Kündigungen zu einem späteren

Messzeitpunkt. In einer weiteren Analyse unterteilen sie die Beschäftigten in vier Gruppen in Abhängigkeit von ihrer Zufriedenheit mit dem Führungsklima. So ausgewertet zeigt sich, dass in der Gruppe der Mitarbeiter, die mit dem Führungsklima am zufriedensten sind, 10 % zum zweiten Messzeitpunkt gekündigt haben. In der Gruppe mit den unzufriedensten Mitarbeitern sind es hingegen 46.2 %. Eine moderate Korrelation von .33 geht in dieser Studie also mit mehr als einer Vervierfachung der Kündigungswahrscheinlichkeit einher. In einer weiteren Studie teilen Baillod und Semmer (1994) die Mitarbeiter anhand der allgemeinen Arbeitszufriedenheit in vier Kategorien ein und zeigen auf, dass in der Gruppe mit hoher Zufriedenheit nur 6.5 % zu einem späteren Messzeitpunkt ihr Unternehmen verlassen haben, während in der Gruppe mit der geringsten allgemeinen Arbeitszufriedenheit 47.8 % gekündigt haben.

2.2   Das Modell der besonderen Ereignisse und der verschiedenen Entscheidungswege

Lee und Mitchell (1994) führen besondere Ereignisse (in der Originalliteratur sogenannte „shocks") als Auslöser für Fluktuation in die Fluktuationsforschung ein. Während über Jahrzehnte hinweg die grundlegenden Annahmen von March und Simon (1958) und die daraus resultierenden Prozessmodelle für die Fluktuationsforschung prägend waren, begründen Lee und Mitchell ein neues Paradigma (Hom et al., 2017).

Sie betonen die Bedeutung singulärer Ereignisse, die sehr schnell zu einer für die direkte Führungskraft unerwarteten Fluktuation führen können, auch wenn der Mitarbeiter vor dem Ereignis mit seiner Arbeit zufrieden war. Abbildung 6 zeigt die vier verschiedenen Arten besonderer Ereignisse. Wir haben jeweils Beispiele angegeben, wobei manche Beispiele sich mit Blick auf die Bewertung als positiv oder negativ je nach konkreter Situation auch anders zuordnen lassen.

Von besonderen Ereignissen zur Fluktuation

Neben den besonderen Ereignissen beschreiben Lee und Mitchell (1994) verschiedene *Entscheidungswege,* die im Ergebnis zu einer Fluktuation führen. Die Autoren nehmen an, dass häufig ein besonderes Ereignis am Beginn des Fluktuationsprozesses steht (siehe Abbildung 7).

- *Weg 1:* Zunächst geht es um die Frage, ob ein Mitarbeiter bereits ähnliche besondere Ereignisse erlebt und hierzu Handlungskonzepte entwickelt hat, die dann in der Situation ggf. erneut genutzt werden. So mag ein Mitarbeiter bereits in der Vergangenheit bei früheren Arbeitgebern auf eine abgelehnte Forderung nach einer Gehaltserhöhung mit einer Kündigung reagiert haben. Die-

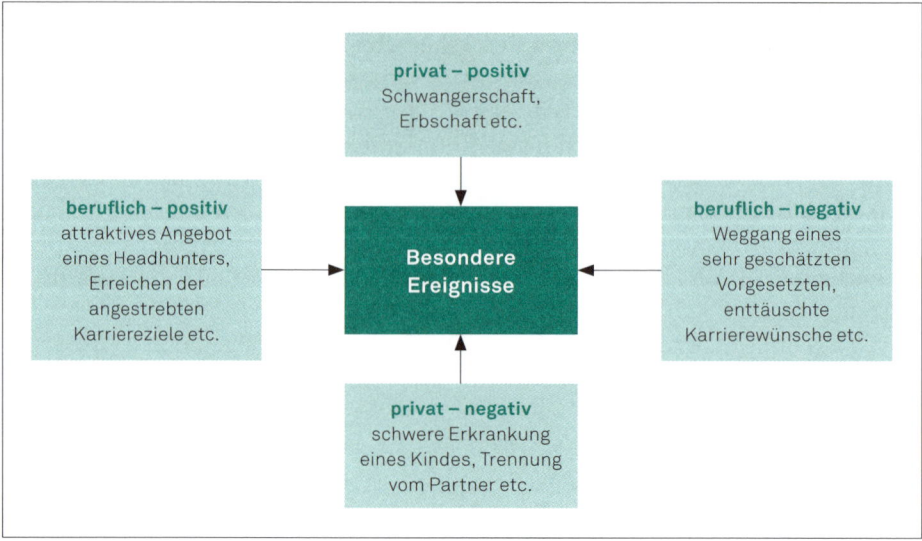

Abbildung 6:   Vier verschiedene Arten von besonderen Ereignissen

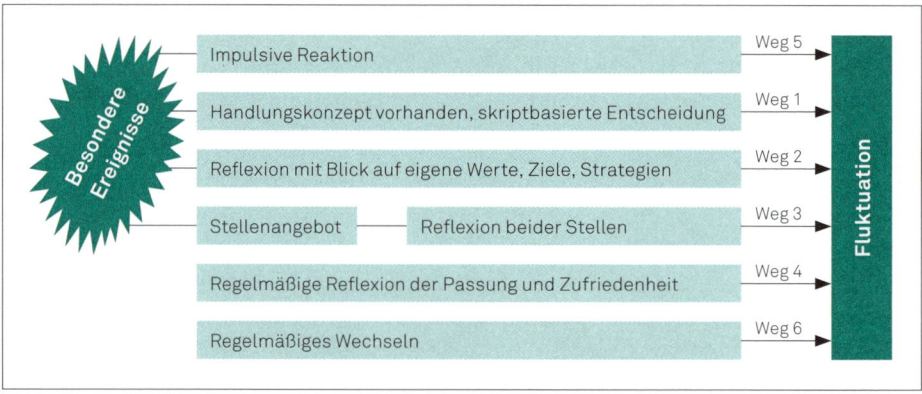

Abbildung 7:   Das Modell der besonderen Ereignisse und der verschiedenen Entscheidungswege[2]

---

2 Inhaltlich entspricht die Beschreibung des Modells der Originalliteratur. In der Strukturierung
haben wir kleinere Anpassungen vorgenommen, um mehr Prägnanz in der Darstellung zu schaffen. So unterscheiden Lee und Mitchell (1994) einen Weg 4A und 4B. Wir beschreiben diese Pfade
als Weg 4 und 5. Der hier skizzierte Weg 6 wird in der Originalliteratur als Möglichkeit beschrieben (Lee & Mitchell, 1994, S. 78), allerdings nicht als eigenständiger Weg aufgefasst. In der Originalliteratur werden regelmäßige Wechsel mit Weg 1 in Verbindung gebracht. Wir haben uns für die
hier vorgenommene Differenzierung entschieden, weil aus unserer Sicht mit dem sechsten Erklä-
rungsansatz nochmals ein eigener konzeptioneller Schwerpunkt gesetzt wird.

ses Handlungskonzept wird auch beim aktuellen Arbeitgeber in der gleichen Situation aktiviert, und es kann zur Kündigung kommen.

- *Weg 2:* Besteht kein Handlungskonzept, wird die Situation vor dem Hintergrund der eigenen Werte, Ziele und Strategien zur Zielerreichung reflektiert. Ist das besondere Ereignis nicht in Einklang mit den Werten, Zielen und Strategien zu bringen, so ist eine Kündigung wahrscheinlich. Beispielsweise möchte eine Mitarbeiterin nicht in einem großen Konzern arbeiten und kündigt, nachdem ihr mittelständisches Unternehmen von einem großen Konzern übernommen wurde. Möglich ist jedoch auch eine Anpassung der Werte, Ziele und Strategien.

- *Weg 3:* Der dritte Entscheidungsweg ist zunächst identisch mit dem zweiten Entscheidungsweg: Ein Mitarbeiter erlebt ein besonderes Ereignis und hat dazu kein passendes Handlungskonzept. Im Unterschied zu Weg 2 liegt dem Mitarbeiter aber mindestens ein konkretes Angebot eines anderen Arbeitsgebers vor. Bei Weg 2 wird die Kündigungsentscheidung unabhängig von möglichen Alternativen am Arbeitsmarkt getroffen, und der Suchprozess nach einer neuen Stelle beginnt erst nach der Kündigungsentscheidung. Bei Weg 3 hingegen fließen alternative Angebote in den Entscheidungsprozess mit ein. Denkbar wäre zum Beispiel, dass einem Mitarbeiter ein Angebot eines Headhunters vorliegt. Diese konkrete Alternative wird dann mit Blick auf Werte, Ziele und Strategien bewertet, und bei grundsätzlicher Passung werden mit Blick auf den Nutzen der aktuellen Stelle und der Alternative Abwägungen vorgenommen, die dann zu einer Entscheidung führen.

- *Weg 4:* Als vierten Entscheidungsweg weisen die Autoren darauf hin, dass manche Mitarbeiter routinemäßig ihr Arbeitsverhältnis reflektieren und sich fragen, ob ihr aktueller Job noch zu ihren Werten, Zielen und Strategien passt. Dieser Weg entspricht am ehesten den klassischen Fluktuationsmodellen, in denen die Arbeitszufriedenheit eine wesentliche Komponente bei der Entstehung von Fluktuationen darstellt. Die Bewertung der Arbeitszufriedenheit führt dann gegebenenfalls zu Fluktuationsabsichten, zu Such- und Abwägungsprozessen – also den bekannten Schritten aus klassischen Fluktuationsmodellen.

- *Weg 5:* Als fünfte Alternative beschreiben die Autoren das Verlassen der Organisation ohne Suchprozesse und Alternativen als impulsive Reaktion auf Unzufriedenheit, beziehungsweise ein besonderes Ereignis.

- *Weg 6:* Lee und Mitchell (1994) verdeutlichen auch, dass Fluktuationen planmäßig erfolgen können: Manche Beschäftigte haben womöglich von vornherein die Absicht, nur eine gewisse Zeit in einer Organisation zu verbleiben und sehen es als Teil ihrer beruflichen Entwicklung, in gewissen Zeitabständen (z. B. alle 5 Jahre) oder gekoppelt an den Abschluss bestimmter Aufgaben, eine Organisation zu verlassen. So könnte beispielsweise eine Projektleiterin ihrer eigenen Entscheidungsregel folgen, eine Organisation nach drei erfolgreich abgeschlossenen Projekten wieder zu verlassen. In diesem Fall spielen die Arbeitszufriedenheit und damit verbundene klassische Einflussfaktoren keine Rolle. Die Projektleiterin wird mit hoher Wahrscheinlichkeit kündigen, auch wenn ihr Arbeitgeber sie durch ein attraktives Angebot, zum Beispiel in Form einer deutlichen Gehaltserhöhung, zu halten versucht.

Aktuelle Untersuchungen zeigen, dass besondere Ereignisse aus dem organisationalen Kontext vermittelt über die Arbeitszufriedenheit als Mediator (vgl. Abschnitt 2.1.2) auf Fluktuationen wirken, und dass bei privaten Ereignissen ergänzend eine direkte Verbindung zwischen Ereignis und Kündigung besteht (Holtom, Goldberg, Allen & Clark, 2017). Organisationale Ereignisse (z. B. enttäuschte Karrierewünsche) finden eher früher nach Antritt einer neuen Stelle statt als besondere Ereignisse aus dem privaten Bereich; unerwartete Ereignisse wirken stärker auf Fluktuationen als erwartete Ereignisse (Holtom et al., 2017).

Praktische Relevanz des Modells der besonderen Ereignisse und der verschiedenen Entscheidungswege

Das Modell rückt die Auslöser von Entscheidungsprozessen, die zu Fluktuation führen können, und vorhandene Verhaltensskripte in den Fokus. In verschiedenen Studien konnten Modellannahmen bestätigt werden (Donnelly & Quinn, 2006; Holtom, Mitchell, Lee & Inderrieden, 2005; Lee, Mitchell, Wise & Fireman, 1996; Lee, Mitchell, Holtom, McDaniel & Hill, 1999; Morrell, 2005; Morrell, Loan-Clarke & Wilkinson, 2004): 40 % bis 60 % der Mitarbeiter, die wechseln, berichten in den zugrundeliegenden Studien besondere Ereignisse.

Das Modell ist für die Praxis hochrelevant, weil es den Blick von Führungskräften darauf lenken kann, welchen besonderen Ereignissen ihre Mitarbeiter möglicherweise ausgesetzt sind. Das wirft unmittelbar die Frage auf, wie solche Ereignisse vermieden oder in ihrer Wirkung abgepuffert werden können. Auch die Frage, welche Vorerfahrungen Mitarbeiter haben oder welche Entscheidungsregeln existieren, ist für die Praxis relevant. Wenn es gelingt, offen über solche Entscheidungsregeln oder Vorerfahrungen zu sprechen, können im besten Fall Ansatzpunkte zur Fluktuationsvermeidung sichtbar werden. Solche Vorerfahrungen und Entscheidungsregeln in Verknüpfung mit besonderen Ereignissen spielen in klassischen Fluktuationsmodellen keine Rolle. Für die Praxis kann zudem die Frage wertvoll sein, auf welchem Entscheidungspfad sich ein Mitarbeiter im Fluktuationsprozess befindet, da diese Perspektive jeweils unterschiedliche Interventionen mehr oder weniger sinnvoll erscheinen lässt.

2.3   Weitere Forschungsansätze

In diesem Abschnitt wollen wir ergänzend auf vier weitere Ansätze eingehen, zu denen weniger Forschung vorliegt, die uns jedoch für die Praxis hilfreich erscheinen: (1) Enttäuschte Erwartungen als Fluktuationsursache, (2) Realistische Tätigkeitsinformationen als Interventionsansatz, (3) Einstellungs- und Verhaltensänderungen als Indikatoren von Fluktuationsabsichten und (4) Fluktuationen aus der Perspektive der Wechselziele betrachtet.

Enttäuschte Erwartungen und realistische Tätigkeitsinformationen

Enttäuschte Erwartungen werden von Porter und Steers (1973) als Fluktuationsgrund beschrieben. Sieht ein Mitarbeiter seine Erwartungen zu seinen Aufgaben, zum Führungsverhalten, zum Umgang unter den Kollegen, zu Entwicklungsperspektiven etc. nicht erfüllt, so begründet dies eine Enttäuschung. Erwartungen können von Mitarbeiter zu Mitarbeiter stark variieren. Zudem verändern sich Erwartungen im Laufe der Beschäftigungszeit. Unerfüllte Erwartungen wirken dabei über die Arbeitszufriedenheit als Mediator auf Fluktuationsabsichten. Louis (1980) arbeitete heraus, dass gerade Berufseinsteiger unklare Erwartungen haben können und viele Merkmale einer Arbeitsstelle wie auch ihre eigenen Fähigkeiten und Interessen noch schwer für sich bewerten können, was wiederum zu Enttäuschung und Frustration führen kann. So mag ein Berufseinsteiger für sich nach einigen Wochen feststellen:

- „Die Aufgaben fallen mir nicht so leicht, wie ich das erwartet hatte."
- „Ich hatte erwartet, dass mir der Kundenkontakt mehr Freude bereitet."
- „Mir war gar nicht klar, dass ich bei diesem Job so viel telefonieren muss."
- „Ich hatte nicht erwartet, dass wir bei der Arbeit so viel Zeitdruck haben."
- „Ich hatte erwartet, dass ich im Unternehmen schneller Freundschaften schließen kann."

Das Konzept des psychologischen Vertrags

Sehr eng mit enttäuschten Erwartungen verknüpft ist das Konzept des psychologischen Vertrags (vgl. Raeder & Grote, 2012). Neben dem schriftlichen Arbeitsvertrag gibt es auch einen sogenannten „psychologischen Vertrag". Nicht alle Erwartungen, die ein Mitarbeiter an seinen Arbeitgeber hat, sind explizit im juristischen Arbeitsvertrag geregelt. So hat ein Mitarbeiter möglicherweise Erwartungen an Weiterbildungs- und Entwicklungsmöglichkeiten, weil ihm diese im Vorstellungsgespräch signalisiert wurden, ohne dass dies explizit Gegenstand des Arbeitsvertrags wurde. Rubenstein et al. (2018) berichten eine Korrelation von .17 zwischen dem Brechen solcher psychologischen Verträge und tatsächlicher Fluktuation.

In den Kontext enttäuschter Erwartungen lässt sich auch Forschung zu realistischen Tätigkeitsinformationen einordnen: *Realistische Tätigkeitsinformationen* im Prozess der Personalauswahl können dazu beitragen, Enttäuschungen zu vermeiden, und gehen mit geringerer Fluktuationswahrscheinlichkeit einher (z. B. Earnest, Allen & Landis, 2011; Weitz, 1956). Neben möglichst realistischen Beschreibungen der Aufgaben etc. möchten wir besonders auf die Relevanz von direkten Eindrücken hinweisen. Wenn beispielsweise ein Mitarbeiter an einem Schnuppertag an seinem potenziellen neuen Arbeitsplatz wahrnimmt, wie viele Telefonate geführt werden müssen und dass ein starker Zeitdruck herrscht, so mag das zur Vermeidung von späteren Enttäuschungen beitragen. Ein gemeinsamer Tag im Team kann Bewerbern auch erste Eindrücke zum Umgang untereinander ermöglichen. Viele Anforderungen einer Arbeitsstelle können durch realistische Arbeitsproben transparent gemacht werden.

Beide Forschungsansätze unterstreichen die Notwendigkeit, die *Passung* im Einstellungsprozess auf verschiedenen Ebenen gut zu prüfen (vor allem mit Blick auf die Tätigkeiten, die Arbeitsbedingungen, das Team, die Organisation) und von Anfang an immer wieder Erwartungsklärung und Erwartungsmanagement zu betreiben (siehe Abschnitt 4.1.3). Es ist wichtig, die Passung bereits zu Beginn eines Beschäftigungsverhältnisses zu fördern. Das betrifft den Auswahlprozess, die Integration ins Unternehmen, die Gestaltung der Einarbeitung sowie die fortlaufende Reflexion der Passung insbesondere in der Probezeit. Größere Veränderungen (z.B. Einführung eines neuen, andersartigen IT-Systems, Fusion mit einem Unternehmen mit deutlich anderer Unternehmenskultur) können zu fehlender Passung führen. Das bedeutet, dass bei Veränderungen auf eine etwaige Reduktion der Passung geachtet werden sollte, um mögliche Enttäuschungen antizipieren und entsprechend gegensteuern zu können (z.B. durch Interventionen zur Verbesserung der Qualifikation). Enttäuschte Erwartungen können auch ein besonderes Ereignis darstellen (vgl. Abschnitt 2.2).

Einstellungs- und Verhaltensänderungen als Indikatoren von Fluktuationsabsichten

Neuere Forschung (Gardner, Van Iddekinge & Hom, 2018) beschäftigt sich mit Indikatoren, vor allem beobachtbaren Verhaltensweisen, die einer Fluktuation vorausgehen, z.B. ein Mitarbeiter vermeidet die Übernahme neuer Aufgaben. Gardner et al. (2018) entwickelten basierend auf einer Liste von 58 Verhaltensweisen, die typischerweise einer Kündigung vorausgehen, eine Skala mit 13 Items zur (indirekten) Erfassung von Fluktuationsabsichten. Erfasst werden Verschlechterungen im Arbeitsverhalten sowie Anzeichen für Unzufriedenheit. Die Autoren berichten eine prädiktive Validität von $r=.31$ für die Vorhersage von Fluktuationen auf Grundlage von Beobachtungen zu den 13 Items. Solche beobachtbaren Verhaltensweisen zu identifizieren und diese dann mit Handlungsempfehlungen zu verknüpfen, kann für Führungskräfte in der Praxis hilfreich sein, um im Fluktuationsprozess sinnvoll intervenieren zu können. Dabei ist einschränkend anzumerken, dass manche Aspekte weniger gut beobachtbar sein dürften (z.B. „Der Mitarbeiter zeigt negative Einstellungsänderungen.") als andere (z.B. „Der Mitarbeiter verlässt die Arbeit häufig früher als sonst.“). Die 13 Items zeigt der folgende Kasten.

Skala zur (indirekten) Erfassung von Fluktuationsabsichten (Gardner et al., 2018)

Arbeitsverhalten verschlechtert sich

- Die Produktivität des Mitarbeiters nimmt unerwartet ab.
- Der Mitarbeiter erledigt häufiger als sonst nur das Nötigste.
- Der Mitarbeiter verlässt die Arbeit häufig früher als sonst.
- Der Mitarbeiter zeigt weniger Anstrengung und Motivation als üblich.
- Der Mitarbeiter zeigt weniger Konzentration für arbeitsrelevante Dinge als üblich.
- Der Mitarbeiter ist weniger als sonst bereit, langfristige Aufgaben zu übernehmen.
- Der Mitarbeiter zeigt weniger Teamgeist als sonst.
- Der Mitarbeiter zeigt weniger Interesse, seine Führungskraft zufriedenzustellen.

Unzufriedenheit nimmt zu

- Der Mitarbeiter zeigt negative Einstellungsänderungen.
- Der Mitarbeiter äußert häufiger als sonst Unzufriedenheit mit seiner Führungskraft.
- Der Mitarbeiter zeigt weniger Interesse an der Arbeit mit Kunden als sonst.
- Der Mitarbeiter äußert häufiger als sonst Unzufriedenheit mit seinem Job.
- Der Mitarbeiter zeigt weniger Begeisterung für die Vision der Firma.

Anmerkungen: Indikatoren von Fluktuationsabsichten basierend auf Gardner et al. (2018). Eigene Übersetzung und inhaltsbezogene Klassifikation in die Kategorien „Arbeitsverhalten verschlechtert sich" und „Unzufriedenheit nimmt zu". Die Instruktion lautete in den Studien von Gardner et al. (2018): „Wir möchten Sie bitten, über das Verhalten von [Vor- und Nachname des Mitarbeiters] in den letzten 2 bis 3 Monaten nachzudenken. Bitte geben Sie an, wie stark Sie den folgenden Aussagen zustimmen." Die Antwortskala reichte von 1 = „trifft überhaupt nicht zu" bis 5 = „trifft vollständig zu".

Fluktuationen aus der Perspektive der Wechselziele betrachtet

Hom et al. (2012) nehmen an, dass die Beschäftigung mit der Frage, wohin jemand wechselt, zusätzlichen Nutzen stiftet. Verlässt jemand das Unternehmen beispielsweise für ein Vollzeitstudium, um sich ganz der Familie zu widmen oder um sich selbständig zu machen? Je nach Fluktuationsziel mögen unterschiedliche Einflussfaktoren relevant sein, und daher können sich unterschiedliche Interventionsmöglichkeiten ergeben. Für Unternehmen kann es deshalb wichtig sein, zu erfahren, mit welchem Ziel ihre Mitarbeiter wechseln und welchen Weg sie zukünftig einschlagen möchten. Beginnen viele ein Vollzeitstudium, kann das beispielsweise bedeuten, dass Programme zur Verknüpfung von Arbeit und Studium hilfreich zur Fluktuationsreduktion sein könnten. Solche Programme können Angebote für ein berufsbegleitendes Studium oder die Verbindung eines Vollzeitstudiums mit einem geringen Beschäftigungsgrad umfassen.

3 Analyse und Handlungsempfehlungen

Welche Schlussfolgerungen lassen sich aus den Modellen und Forschungsbefunden aus Kapitel 2 ableiten? Und welche Leitlinien für das Fluktuationsmanagement einer Organisation lassen sich daraus entwickeln? Nachfolgend gehen wir zunächst auf einige grundlegende Aspekte des Fluktuationsmanagements ein: Wir gehen der Frage nach, wie der Handlungsbedarf eingeschätzt werden kann, skizzieren eine multimodale Ursachenanalyse und gehen auf wichtige Aspekte bei der Auswahl von Interventionen und deren Evaluation ein. Anschließend stellen wir wichtige Analysetools und Interventionen im Überblick vor.

3.1 Einschätzung des Handlungsbedarfs und Ursachenanalyse: Fluktuationen ernst nehmen

Mit Blick auf die betriebswirtschaftliche Relevanz (siehe Abschnitt 1.5) sollte die *Fluktuationsquote* als zentrale betriebswirtschaftliche Kenngröße betrachtet werden. Die Entwicklung der Fluktuationsquote und die zugrundliegenden Fluktuationsgründe sollten regelmäßig (z. B. quartalsweise) in Personalmanagement und Geschäftsleitung analysiert werden, um gegebenenfalls zielgerichtete Maßnahmen ableiten, umsetzen und evaluieren zu können. Eine jährliche Information aller Führungskräfte über relevante Fluktuationsgründe und abgeleitete Maßnahmen, beispielsweise im Rahmen einer Führungskräftekonferenz, kann die Relevanz des Themas im Kreis der Führungskräfte unterstreichen. Die Einbindung der Mitarbeitervertretung in den Analyseprozess und in die Entwicklung geeigneter Maßnahmen ist ebenfalls empfehlenswert.

Für die Einschätzung des Handlungsbedarfs ist die Frage entscheidend, wie viele ungewollte Fluktuationen es in einer Organisation gibt. Eine Fluktuationsquote von 5 % kann je nach Anteil gewollter und ungewollter Fluktuationen einen hohen oder geringen Handlungsbedarf indizieren.

Mit *gewollten Fluktuationen* sind nicht nur Trennungen aufgrund schlechter Leistung, Fehlverhalten etc. gemeint (vgl. Abschnitt 1.2). So sind beispielsweise im wissenschaftlichen Kontext Fluktuationen notwendiger Bestandteil wissenschaftlicher Karrierewege, und wissenschaftliche Einrichtungen profitieren von Wissenschaftlern, die neue Forschungsansätze und Methoden aus anderen Arbeitsgruppen mitbringen. Eine geringe Fluktuation wäre in diesem Zusammenhang gar nicht erstrebenswert. Fluktuationen können auch in dem Sinne gewollt sein, dass Wechsel dazu führen können, dass ehemalige Mitarbeiter zukünftig bei aktuellen oder potenziellen Geschäftspartnern arbeiten, was sich positiv auf die Geschäftsbeziehung auswirken kann. Aus der Perspektive von Personalmanagement und

Geschäftsleitung ist es deshalb wichtig, zu einer Einschätzung zu kommen, wie viele ungewollte Fluktuationen stattfinden.

Dabei ist es schwierig, Fluktuationen in gewollt und ungewollt zu klassifizieren (vgl. Abschnitt 1.2), da die Einschätzung beispielsweise von der direkten zur nächsthöheren Führungskraft schon variieren kann. Dennoch können Gespräche mit Führungskräften wichtige Hinweise für die Einschätzung des Handlungsbedarfs liefern. So können Mitarbeiter des Personalmanagements mit den Führungskräften in den Fachabteilungen darüber sprechen, wie sie die auftretenden Fluktuationen bewerten:

- Wie viele Leistungsträger verlassen uns, die wir gerne weiter bei uns im Unternehmen gehalten hätten?
- Wie bewerten wir die Vor- und Nachteile der auftretenden Fluktuationen?

Alternativ oder ergänzend können Führungskräfte nach der Kündigung eines Mitarbeiters per Online-Befragung darum gebeten werden, die Fluktuation als gewollte oder ungewollte Fluktuation zu klassifizieren, und die Gründe für diese Zuordnung anzugeben.

Auch wenn wir auf die Vermeidung ungewollter Fluktuationen fokussieren, besteht auch bei einer großen Anzahl gewollter Fluktuationen gegebenenfalls Handlungsbedarf. Der Handlungsbedarf richtet sich dann vor allem an die Mitarbeitergewinnung: Möglicherweise werden im Rahmen des Arbeitgebermarketings nicht die richtigen Bewerber zu einer Bewerbung motiviert oder womöglich nicht hinreichend geeignete Bewerber ausgewählt. Anregungen zum Thema Arbeitgebermarketing finden sich bei Felser (2010), Hinweise zur Mitarbeiterauswahl geben Schuler und Mussel (2016). Weiterhin ist zu erwarten, dass auch Probleme im Bereich Feedback, Leistungsbeurteilung und Erwartungsklärung zur Entstehung gewollter Fluktuation beitragen können. Zur Vertiefung der Themen Feedback und Leistungsbeurteilung eignet sich der Band von Lohaus (2009), auf das Thema Erwartungsklärung gehen wir in Abschnitt 4.1.3 ein.

Multimodale Ursachenanalyse

Für die Ursachenanalyse können Austrittsgespräche (siehe Abschnitt 4.1.7) genutzt werden, die mit Mitarbeitern, die gekündigt haben, zu ihren Fluktuationsgründen geführt werden. Doch auch andere Quellen können für die Ableitung von Maßnahmen hilfreich sein, zum Beispiel Feedback aus regelmäßigen Personalgesprächen, Anregungen aus Mitarbeiterbefragungen (siehe Abschnitt 4.1.4) oder aus informellen Gesprächen zwischen Führungskräften und Mitarbeitern.

Im besten Fall können Erkenntnisse aus verschiedenen Quellen miteinander abgeglichen und kombiniert werden, um so die wichtigsten Ansatzpunkte zur Fluktuationsreduktion herauszuarbeiten. Dieser multimodale Ansatz erscheint uns für die Ursachenanalyse besonders vielversprechend.

Welche Fluktuationsgründe es im Allgemeinen gibt und welche der zahlreichen Einflussfaktoren am relevantesten für Fluktuationsabsichten und tatsächliche Fluktuation sind, wurde in Kapitel 2 ausführlich dargelegt. Vertiefende Überlegungen zur Fluktuationsanalyse und beispielhafte Fragen werden in Abschnitt 3.3 dargestellt.

3.2 Auswahl von Interventionen und Festlegung von Evaluationskriterien

Interventionen können vielfältige Effekte haben. So kann sich beispielsweise die Verbesserung der Führungskräfteausbildung nicht nur auf die Reduktion von Fluktuation, sondern auch auf die Teamleistung und andere Variablen auswirken. Aufwand und Nutzen der auf Grundlage der Einschätzung des Handlungsbedarfs und basierend auf den Ergebnissen der Ursachenanalyse geplanten Interventionen sollten in Abstimmung zwischen Personalmanagement und Geschäftsleitung bewertet werden:

- Welche Kosten erzeugt die Intervention?
- Welche Auswirkungen auf ungewollte Fluktuation sind zu erwarten?
- Von welchen Personen im Unternehmen kann die Intervention überhaupt bemerkt werden?
- Welche Personen können von der Intervention profitieren?
- Wie ist der Nutzen zu bewerten?
- Welche möglichen anderen positiven und negativen Auswirkungen können resultieren?

Weiterhin ist es wichtig, im Vorfeld *Evaluationskriterien* zu definieren, an denen der Erfolg der Interventionen gemessen werden kann. Beispielsweise kann davon ausgegangen werden, dass „fehlende Entwicklungsmöglichkeiten" als Fluktuationsgrund (siehe Abschnitt 2.1.1) an Bedeutung verlieren sollten, wenn ein Unternehmen neue Entwicklungswege ermöglicht. So sollte die Einführung einer Fachlaufbahn oder einer neuen Führungsebene auf die wahrgenommenen Entwicklungsmöglichkeiten einen positiven Effekt haben und darüber vermittelt auf die Anzahl an Fluktuationen wirken.

Bei vielen Maßnahmen (z.B. Gestaltung neuer Entwicklungswege in einer Organisation, Entwicklung neuer Partizipationsmöglichkeiten, Verbesserung der Führungskräfteausbildung) sind eher langfristig Effekte zu erwarten. So kann es viele Monate dauern, neue Karrierewege zu entwickeln und in einer Organisation zu verankern. Zwischen Analyse und ersten Effekten kann leicht ein Zeitraum von einem Jahr oder mehr liegen, was bei der Planung der Evaluationsmaßnahmen zu beachten ist.

Grundlegende Fragen zur Evaluation

- Bei welchen Variablen ist ein Effekt zu erwarten? Weshalb?
- Nach welchem Zeitraum sind Effekte zu erwarten?
- Gibt es Variablen, bei denen unmittelbar eine Veränderung zu erwarten ist und andere Variablen mit mittel- und langfristigen Effekten?
- Welche bestehenden Instrumente (z. B. Mitarbeiterbefragung, Ermittlung der Fluktuationsquote) können für Evaluationszwecke genutzt werden? Welche Variablen müssen erst operationalisiert und erhoben werden?

3.3   Leitlinien für Analyse, Intervention und Evaluation

In den nachfolgenden Abschnitten vertiefen wir Überlegungen zur Gestaltung von Analyse, Intervention und Evaluation, bevor wir dann näher auf die einzelnen Tools eingehen. Dabei ist allerdings zu beachten, dass sich die Grenzen zwischen Analyse, Intervention und Evaluation nicht immer klar ziehen lassen, da beispielsweise die Umsetzung von Personalgesprächen oder die Durchführung einer Mitarbeiterbefragung an sich bereits eine bindende Intervention sein kann. Erlebt eine Mitarbeiterin ein wertschätzendes Personalgespräch, in dem bisherige Verbesserungen in der Zusammenarbeit reflektiert werden, in dem sie offen über weitere Anliegen sprechen kann und werden in der Folge Maßnahmen vereinbart und umgesetzt, so leistet dieses Gespräch einen Beitrag im Sinne von Analyse, Intervention und Evaluation.

Grundlegende Aspekte der Fluktuationsanalyse

Austrittsgespräche und Mitarbeiterbefragungen sind aus unserer Sicht die wichtigsten Instrumente, um mögliche Fluktuationsgründe analysieren zu können. Im Detail beschreiben wir beide Instrumente in Kapitel 4. Hier skizzieren wir einige grundlegende Überlegungen. Auf weitere Quellen, die in die Fluktuationsanalyse einbezogen werden können, gehen wir in Abschnitt 3.4 ein.

Wichtige Merkmale und Möglichkeiten der Analysetools „Austrittsgespräche" und „Mitarbeiterbefragung"

Austrittsgespräche

- In Austrittsgesprächen mit ausscheidenden Mitarbeitern nach den individuellen Fluktuationsgründen fragen

- Ausscheidende Mitarbeiter im Austrittsgespräch mögliche Fluktuationsgründe aus allen sieben Einflusskategorien (siehe Abschnitt 2.1) bezüglich ihrer Relevanz bewerten lassen
- In Austrittsgesprächen explizit nach möglichen besonderen Ereignissen als Fluktuationsauslöser fragen
- Emotionale Ereignisse identifizieren: Was führte insbesondere zu Ärger und zu Enttäuschung?
- Hauptgründe aggregiert auf Organisationsebene als Basis für Interventionen aufbereiten
- Ergebnisse auch als Basis für Interventionen mit betroffenen Teams und Führungskräften nutzen

Mitarbeiterbefragung

- Typische Fluktuationsursachen explizit in die Befragung aufnehmen
- Zentrale Mediatoren (Arbeitszufriedenheit, Commitment und Eingebundenheit) erfassen
- Fluktuationsabsichten erfragen
- Die Mitarbeiterbefragung als Ausgangspunkt für vertiefende Gespräche nutzen (z. B. im Rahmen einer Teambesprechung; in Personalgesprächen; in unternehmensweiten, offenen Workshops)

Wie bereits angesprochen, sollten in regelmäßigen Abständen die Erkenntnisse aus den verschiedenen Quellen im Personalmanagement besprochen werden, um darauf basierend Interventionen zu gestalten. Nicht nur das absolute Niveau ist dabei relevant (z. B. beim Merkmal Commitment), sondern vor allem Veränderungen über die Zeit. Deutliche Verschlechterungen können auf erhöhte Fluktuationsgefahr hindeuten, selbst wenn das absolute Niveau noch akzeptabel erscheint. Wohin ein Mitarbeiter wechselt (z. B. in die Selbständigkeit, in ein Vollzeitstudium) kann zusätzliche Erkenntnisse für die Interventionsgestaltung liefern (siehe Abschnitt 2.3).

Die Analyse kann entlang der folgenden grundsätzlichen Fragen erfolgen:
1. Was sind die Hauptgründe, die Mitarbeiter zu einer Kündigung bewegen?
2. Wohin wechseln Mitarbeiter?
3. Was zieht Mitarbeiter bei anderen Arbeitgebern an?
4. Was hält Mitarbeiter in der Organisation?

Diese vier Fragen sind aus verschiedenen Gründen zentral. Die Hauptgründe können wichtige Hinweise für Interventionen auf organisationaler Ebene bieten. Wird beispielsweise das Führungsverhalten des direkten Vorgesetzten in einer Organisation als Hauptgrund benannt, wirft das unmittelbar die Frage auf, ob Handlungsbedarf mit Blick auf die Auswahl und Ausbildung der Führungskräfte besteht, mit Blick auf das Führungsverhalten höherer Führungsebenen oder auch mit Blick auf die Arbeitsbedingungen der Führungskräfte. Wären hingegen fehlende Entwicklungsmöglichkeiten der Hauptgrund, ergeben sich andere Ansatzpunkte.

Für die Ableitung von Interventionen macht es zudem einen Unterschied, ob Mitarbeiter bevorzugt zu einem bestimmten Wettbewerber wechseln, in die Selbständigkeit gehen oder eine Vollzeit-Weiterbildung aufnehmen. So könnte beispielsweise versucht werden, durch attraktive Konditionen bei der Förderung von berufsbegleitenden Weiterbildungen das Interesse an Vollzeit-Weiterbildungen zu reduzieren. Die dritte Frage lenkt den Blick auf relevante Wettbewerber und was eine Organisation von diesen lernen kann, um als Arbeitgeber attraktiver zu werden. Die letzte Frage bietet die Chance, in der internen Kommunikation besonders auf Stärken der eigenen Organisation einzugehen oder vorhandene Stärken weiter auszubauen.

Neben der organisationalen Ebene können sich in der Phase der Ursachenanalyse auch Erkenntnisse gewinnen lassen, die Führungskräfte für sich selbst und ihren Verantwortungsbereich direkt nutzen können. Deshalb ist es wichtig zu definieren, wie gewonnene Erkenntnisse auf den verschiedenen Ebenen kommuniziert werden, zum Beispiel gegenüber den direkten Vorgesetzten.

Grundlegende Aspekte der Interventionsgestaltung

Für die Gestaltung von Interventionen möchten wir zunächst einige grundlegende Punkte benennen, die wir in Kapitel 4 weiter vertiefen:

Eckpunkte zur Interventionsgestaltung

- Interventionen eng mit den Ergebnissen der Analyse verzahnen: Sind die Interventionen auf Basis der Analyse begründbar?
- Bedarfsorientiert auf verschiedenen Ebenen ansetzen: direkt betroffene Führungskraft, höhere Führungskräfte, konkreter Arbeitsplatz, Team, Abteilung, die gesamte Organisation
- An verschiedenen Stellen im Prozess ansetzen (siehe Abbildungen 3, 4 und 5 in Abschnitt 2.1): an den Einflussfaktoren, an emotionalen Reaktionen, an den drei zentralen Mediatoren, wenn Fluktuationsabsichten geäußert werden oder eine Kündigung ausgesprochen wird
- Der Organisations- und Personalentwicklung kommt eine wichtige Rolle zu, allerdings auch der Personalakquisition mit Blick auf die Klärung der Passung, Erwartungsmanagement und realistische Tätigkeitsinformationen (siehe Abschnitt 2.3).

Wie bereits bei der Ursachenanalyse angesprochen, ist es hilfreich, wenn die direkten Führungskräfte Offenheit für eine weitergehende Reflexion der Fluktuationsgründe zeigen, um daraus mit Blick auf den Arbeitsplatz, die Arbeitsbedingungen oder das Führungsverhalten Interventionen abzuleiten. Gleiches gilt für die nächsthöheren Führungsebenen und aggregiert für die gesamte Organisation. Interventionen sollten aus dem Personalmanagement heraus vorgeschlagen und in enger Verzahnung mit der Geschäftsleitung bewertet und auf den Weg gebracht werden.

Grundlegende Aspekte zur Evaluation

Fluktuationsmanagement umfasst auch, dass die Wirkung umgesetzter Maßnahmen im weiteren Verlauf evaluiert wird – womöglich sind Anpassungen oder neue Maßnahmen notwendig. Auch hierzu benennen wir einige grundlegende Aspekte:

Eckpunkte zur Evaluation von Interventionen

- Fluktuationsgründe sollten im Zeitverlauf betrachtet werden, um Veränderungen erkennen zu können. Im Zuge von Mitarbeiterbefragungen können beispielsweise Arbeitszufriedenheit und Commitment im Zeitverlauf betrachtet werden, um Hinweise auf mögliche Effekte realisierter Interventionen zu finden.
- Prä- versus Postvergleiche (z. B. bei den Fluktuationsgründen) zur Evaluation von Interventionen nutzen, auch wenn die Ergebnisse lediglich als Hinweis für mögliche Effekte und nicht als Beleg für Kausalität dienen können
- Interventionen zunächst in Pilotabteilungen umsetzen und evaluieren, bevor über ein Ausrollen in andere Bereiche entschieden wird (z. B. Einführung eines neuen Karrieremodells); dies ermöglicht Vergleiche zwischen Einheiten mit und ohne Intervention
- Die Entwicklung der Fluktuationsquote als Indikator für mögliche Effekte von Interventionen heranziehen

Wenn, wie von uns empfohlen, auf organisationaler Ebene zu den Hauptfluktuationsgründen mehrere Interventionen kombiniert umgesetzt werden, dann ist die Wirkung einzelner Interventionen auf die Fluktuationsgründe und die Fluktuationsquote letztlich nicht prüfbar. Prüfbar sind die Effekte des Maßnahmenbündels als Ganzes, wobei die Zeitperspektive sinnvoll gewählt sein muss: Ab wann werden die Interventionen in der Organisation von den Mitarbeitern wahrgenommen und genutzt? Dies bedeutet auch, dass die Kommunikation über abgeleitete Maßnahmen sehr wichtig ist. Effekte sollten dann in der Mitarbeiterbefragung und vor allem bei den Austrittsgründen und schließlich bei der Fluktuationsquote, insbesondere der Anzahl ungewollter Fluktuationen, messbar werden. Dabei ist auch zu bedenken, wie Veränderungen bei den Rahmenbedingungen am Arbeitsmarkt auf die Fluktuationsquote wirken. Kommt es beispielsweise in einer Wirtschaftskrise zu Massenentlassungen und einem massiven Rückgang an offenen Stellen, so wird dies zu einem Rückgang der Fluktuation führen – unabhängig von internen Interventionen.

3.4   Analyse- und Evaluationsinstrumente im Überblick

In Tabelle 2 stellen wir wichtige Instrumente zur Analyse und Evaluation kurz dar und gehen dabei vor allem auf die Ziele ein, die durch die verschiedenen Instrumente mit Blick auf Analyse und Evaluation verfolgt werden können. In den vorausgehenden Abschnitten wurden einige Instrumente bereits angesprochen, die wir für einen möglichst vollständigen Überblick hier noch einmal mit aufnehmen.

In der Praxis empfiehlt sich eine Kombination verschiedener Instrumente. In Kapitel 4 gehen wir konkreter auf die Anwendung einiger ausgewählter Instrumente ein und ergänzen diese in Kapitel 5 um Fallbeispiele aus der Praxis.

Tabelle 2:   Analyse- und Evaluationsinstrumente im Überblick

Kurzbeschreibung	Ziele
Personalgespräch	
• Ritualisierte (z.B. halbjährliche) Gespräche zwischen Mitarbeiter und Führungskraft • In der Regel mit Leitfaden und Dokumentation • Fluktuationsrelevante Themen können aufgegriffen werden, beispielsweise Erwartungsklärung, auffällige Verhaltensänderungen (z.B. Mitarbeiter bringt sich in Teambesprechungen kaum mehr ein), allgemeine Arbeitszufriedenheit, allgemeine Lebenszufriedenheit, Commitment und Eingebundenheit, besondere Ereignisse, Teamzusammenhalt, Zusammenarbeit mit der Führungskraft, Gestaltung des Arbeitsplatzes, Zufriedenheit mit den Aufgaben, Entwicklungs- und Weiterbildungsmöglichkeiten, Gehalt	• Einschätzung der Fluktuationswahrscheinlichkeit auf Ebene des einzelnen Mitarbeiters (Früherkennung) • Identifikation von Verbesserungsmöglichkeiten auf Mitarbeiter-, Team- und Organisationsebene • Reflexion der Wirkung von umgesetzten Maßnahmen, vor allem auf Mitarbeiterebene
Mitarbeiterbefragung	
• Ritualisierte (z.B. jährliche), in der Regel anonymisierte Befragung der Mitarbeiter (in einem Team, einer Abteilung, im gesamten Unternehmen) • In der Regel mit Erhebung von quantitativen Daten	• Einholen möglichst ehrlicher Bewertungen durch anonymisiertes Vorgehen • Auswertung auf verschiedenen Ebenen (z.B. Team-, Abteilungs- und Organisationsebene) möglich • Betrachtung quantitativer Daten (auch im Zeitverlauf)

Tabelle 2:   Fortsetzung

Kurzbeschreibung	Ziele
• Bewertung von fluktuationsrelevanten Themen möglich, beispielsweise Zufriedenheit mit der Führungskraft, mit den Arbeitsbedingungen, mit der Zusammenarbeit im Team, mit dem Gehalt, mit Entwicklungsmöglichkeiten • Intern durch Personalmanagement oder durch externe Agentur möglich	• Erste Anhaltspunkte für Verbesserungsmöglichkeiten gewinnen, die in Workshops und Personalgesprächen genauer abgeklärt werden sollten • Hinzunahme von Fragen zur Evaluation umgesetzter Interventionen möglich
Austrittsgespräch	
• Befragung ausscheidender Mitarbeiter zu ihren Fluktuationsgründen (inklusive besonderer Ereignisse) • Fragen zu Pull- und Push-Faktoren möglich • Intern durch Personalmanagement oder durch externe Agentur möglich • Anonymisiert umsetzbar	• Ermittlung der Fluktuationsgründe aus Sicht der ausscheidenden Mitarbeiter • Ansatzpunkte für Maßnahmen auf verschiedenen Ebenen gewinnen • Klärung, unter welchen Bedingungen eine Rückkehr möglich sein könnte
Analyse von Angaben auf Arbeitgeberbewertungsportalen	
• Regelmäßige (z.B. quartalsweise) Analyse der Bewertungen, die ausgeschiedene Mitarbeiter auf Bewertungsplattformen vornehmen (z.B. Kununu)	• Hinweise zum Arbeitgeberimage gewinnen • Abgleich mit den intern gewonnenen Daten möglich • Anregungen für Verbesserungen gewinnen, wenn veränderbare Punkte häufiger kritisiert werden
Benchmarking	
• Vergleiche mit wichtigen Wettbewerbern im relevanten Arbeitsmarkt	• Identifikation von Pull-Faktoren, die Mitarbeiter quasi aus der Organisation herausziehen • Gewinnung von Anregungen für die Interventionsgestaltung • Ideen für die Stärkung der Arbeitgebermarke gewinnen
Befragung von „Boomerang-Mitarbeitern"	
• Befragung von Mitarbeitern, die wieder in die Organisation zurückkehren, zu ihren Rückkehrgründen	• Herausarbeiten eigener Stärken für das externe und interne Arbeitgebermarketing • Als Benchmarking-Instrument nutzbar: Gewinnung von Anregungen für die Interventionsgestaltung

3.5   Interventionsansätze im Überblick

In Tabelle 3 stellen wir wichtige Interventionsansätze vor. Bei der Auswahl war uns wichtig, dass wir unterschiedliche Ebenen (z.B. die direkte Führungskraft oder die Geschäftsleitung) einbeziehen und möglichst alle Einflusskategorien, wie in Abschnitt 2.1 beschrieben, abdecken.

Manche Ansätze sind sehr spezifisch auf Fluktuationsvermeidung hin orientiert (z.B. Bindungsgespräche), während andere Ansätze eher indirekt auf die Vermeidung von Fluktuationen wirken sollen (z.B. Teambuildingaktivitäten). Die Fallbeispiele in Kapitel 5 zeigen, wie Interventionen im konkreten Anwendungsfall ausgestaltet und auf die jeweilige Organisation bezogen werden können.

Tabelle 3:   Interventionsansätze im Überblick

Kurzbeschreibung	Ziele
Mitarbeitergespräche (insbesondere Bindungsgespräche)	
• Bindungsgespräche nach geäußerter Unzufriedenheit und/oder Fluktuationsabsichten sowie nach Erhalt einer arbeitnehmerseitigen Kündigung • Neben Bindungsgesprächen kann es weitere Gesprächsarten geben, mit denen ein Beitrag zur Fluktuationsvermeidung geleistet werden kann, vor allem Entwicklungsgespräche, Feedbackgespräche, Gespräche zur Erwartungsklärung, Fürsorgegespräche/Krankenrückkehrgespräche nach längeren oder bei häufigen kurzen Krankheitsphasen.	• Dem Mitarbeiter signalisieren, dass seine Unzufriedenheit oder seine Fluktuationsabsichten ernst genommen werden • Verständnis für seine Unzufriedenheit zeigen • Deutlich machen, dass ein Verlassen der Organisation sehr bedauert werden würde • Den Mitarbeiter dazu anregen, eine mögliche Fluktuationsentscheidung zu überdenken • Konkrete Vereinbarungen treffen (z.B. zur weiteren Entwicklung, zu Arbeitsbedingungen), um die Arbeitszufriedenheit zu steigern • Eine Grundlage für den weiteren Kontakt und eventuelle Rückkehrgespräche nach einer möglichen Fluktuation legen • Im engen Austausch mit dem Mitarbeiter bleiben • Verbesserung der Beziehungsqualität zwischen Mitarbeiter und Führungskraft (gegenseitiges Vertrauen fördern) • Vermeidung von Enttäuschungen, Rollenunklarheit oder anderen Irritationen (z.B. durch ehrliche Erwartungsklärung, durch wertschätzendes Feedback) • Mitarbeitermeinungen ernst nehmen und nutzen (z.B. im Rahmen von Feedbackgesprächen)

Tabelle 3:   Fortsetzung

Kurzbeschreibung	Ziele
Maßnahmen zur Einarbeitung und Integration ins Unternehmen	
• In den ersten Monaten geht es um die fachliche Einarbeitung und die soziale Integration ins Unternehmen. • Dies umfasst viele Einzelaspekte: Unterstützung durch einen Mentor, Einarbeitungsplan, Welcome-Veranstaltungen, Schulungsangebote, Netzwerkveranstaltungen, digitale Vernetzungsmöglichkeiten.	• Neue Mitarbeiter schnell ins Unternehmen integrieren: den Aufbau von Freundschafts- und Ratgebernetzwerken fördern • Vermeidung früher Fluktuationen • Stressreduktion • Förderung der beruflichen Selbstwirksamkeit • Aufbau von Coping-Strategien
Teambuilding (insbesondere regelmäßige Teambesprechungen)	
• In diesem Kontext sind zahlreiche Interventionen möglich: Teamessen, Teamausflüge, gemeinsames Feiern von Erfolgen, Teamworkshops, Peer-Feedback, Peer-Training, Teambesprechungen, Teamregeln.	• Teamzusammenhalt fördern (soziale Unterstützung erschließen) • Ratgeber- und Freundschaftsnetzwerke fördern • Konfliktprävention betreiben
Workshops	
• Workshops mit bestehenden und übergreifenden Teams zur Ableitung von Interventionen auf verschiedenen Ebenen • Verschiedene Themen können aufgegriffen werden: Verbesserung des Teamzusammenhalts, Anregungen zu Arbeitsbedingungen, Gestaltung von Partizipationsmöglichkeiten • Auch ganz allgemeine Themen sind möglich: „Wenn ich Geschäftsführer wäre, dann würde ich ..."	• Vertiefte Klärung von Hypothesen, die sich beispielsweise aus der Mitarbeiterbefragung ergeben haben • Einbindung von Mitarbeitern in die Interventionsentwicklung und Umsetzung • Bearbeitung von Themen (z. B. Vermeidung von Doppelarbeit) in den Workshops • Reflexion der Wirkung von Interventionen
Maßnahmen zur Stressprävention und Stressreduktion	
• Dies kann u. a. Interventionen zur Förderung von Coping-Strategien, zur Arbeitszeit- und Pausengestaltung, zur Reduktion der Aufgabendichte umfassen.	• Resilienz auf individueller Ebene fördern • Erholungsmöglichkeiten schaffen • Überforderung vermeiden
Formate auf Organisationsebene	
• Hierunter fassen wir Interventionen, die dem Informationsaustausch, der Vernetzung und der gemeinsamen Arbeit auf Unternehmensebene dienen: Job Rotation, Networkingtage in anderen Bereichen, funktionsübergreifende (Projekt-)	• Gegenseitiges Verständnis über Team- und Abteilungsgrenzen hinweg fördern • Unternehmensweite Vernetzungen ermöglichen und vertiefen • Betriebsklima verbessern

Tabelle 3:   Fortsetzung

Kurzbeschreibung	Ziele
teams, Konferenzen, Betriebsfeiern, Betriebssportgruppen, Mitarbeitermagazin, digitale Plattformen zur Vernetzung.	
Unterstützung in anderen Lebensbereichen	
• In diesem Kontext sind zahlreiche Interventionen möglich: Beratungs- und Coachingangebote, die über berufliche Themen hinausgehen (z. B. in privaten Krisensituationen). • Solche Unterstützungsmöglichkeiten sind zentraler Teil von Employee-Assistance-Programmen (EAP), die Unternehmen ihren Mitarbeitern anbieten. • Darüber hinaus: Beratungsangebote zur Pflege von Angehörigen, Vermögensaufbau, Absicherung, Altersvorsorge; Kinderbetreuung, Kindergartenzuschuss; Unterstützung von ehrenamtlichem Engagement (z. B. durch Sonderurlaub); Angebote zum Ausüben von Hobbys; Mitarbeiterstammtische; Gesundheitsangebote (z. B. Sportkurse); flexible Arbeitszeit- und Arbeitsortmodelle; differenzierte Beschäftigungsgrade	• Erhöhung der allgemeinen Lebenszufriedenheit • Reduktion von Stresserleben im privaten Kontext • Förderung der Vereinbarkeit verschiedener Rollen (z. B. Mitarbeiter, Vater, Vereinsmitglied) • Unterstützung von Vernetzungen am Wohnort und unter den Kollegen (über den Berufskontext hinaus)
Organisationsentwicklung	
• Erkenntnisse aus dem Fluktuationsmanagement können ein Anlass für Organisationsentwicklungsprozesse sein. • Je nach Fluktuationsgründen können sich ganz unterschiedliche Ansätze ergeben: Gestaltung neuer Entwicklungswege, Weiterentwicklung materieller und immaterieller Anerkennungsformen/Veränderungen im Gehaltssystem, Weiterentwicklung von Partizipationsmöglichkeiten, Verbesserung der Arbeitsbedingungen, Einführung neuer Arbeitsmethoden, Veränderungen im Mitarbeitergewinnungsprozess, Aktivitäten zur Stärkung der Arbeitgebermarke, Fokus auf CSR, Werteentwicklung (z. B. Unternehmenskommunikation).	• Das Gesamtsystem im Sinne einer höheren Arbeitgeberattraktivität weiter entwickeln • Verbesserungen bei einzelnen Fluktuationsgründen auf organisationaler Ebene erreichen • Die Unternehmenskultur positiv beeinflussen (z. B. Förderung von Fairness und Wertschätzung innerhalb der Organisation, Zusammenarbeit zwischen Abteilungen verbessern)

4　Vorgehen

Wie in Kapitel 3 dargestellt, gibt es zur Vermeidung von Fluktuationen eine Vielzahl an Ansatzpunkten. Wir haben basierend auf den folgenden Kriterien eine Auswahl getroffen, die wir vertieft in diesem Kapitel behandeln: (1) stringente Ableitung der Interventionsmethoden aus den in Kapitel 2 dargestellten Modellen und Forschungsbefunden, (2) Abdeckung der relevantesten Fluktuationsprädiktoren (vgl. Abschnitt 2.1), (3) Einbezug von Interventionen, die auf den verschiedenen Ebenen ansetzen: direkte Führungskraft, Team/Abteilung, gesamte Organisation, und (4) möglichst spezifischer Bezug zur Fluktuationsvermeidung.

4.1　Darstellung der Interventionsmethoden

Bei der Beschreibung der Interventionsmethoden gehen wir chronologisch vom Eintritt eines Mitarbeiters in eine Organisation bis zu seinem Austritt vor. Die Berührungspunkte eines Mitarbeiters mit den einzelnen Interventionen müssen nicht exakt dem hier skizzierten Ablauf folgen. Es wird jedoch deutlich, dass im Beschäftigungsverlauf eine Reihe von Ansatzpunkten für Organisationen bestehen, um Fluktuationsabsichten und tatsächliche Fluktuation zu beeinflussen.

4.1.1　Einarbeitung

Die ersten Tage in einer neuen Firma sind mit erheblichen Unsicherheiten verbunden (Moser, Souček, Galais & Roth, 2018): War die Wahl des neuen Arbeitgebers die richtige Entscheidung? Werde ich mich mit Vorgesetzten und Kollegen gut verstehen? Werde ich die Anforderungen erfüllen können? Unterlaufen mir vielleicht peinliche Fehler? Diese und ähnliche Fragen können neuen Mitarbeitern an ihrem ersten Arbeitstag durch den Kopf gehen. Ein wichtiges Ziel der Einarbeitung besteht daher darin, Sicherheit zu schaffen, beziehungsweise Stresserleben aufgrund von Unsicherheit zu vermeiden. Auch die Forschung zeigt: Wenn wir Stress erleben, fällt es schwerer, Neues zu lernen (Kwakman, 2001), und wir sind weniger kreativ (Probst, Stewart, Gruys & Tierney, 2007). Erfolgreich zu arbeiten bedeutet, den normalen Aufgaben des Tagesgeschäfts gewachsen zu sein und diese effizient bewältigen zu können, und gleichzeitig für unerwartete Situationen ausreichend (Coping-)Strategien entwickelt zu haben, um mit diesen adäquat umgehen zu können. Coping-Strategien sind daher ein wichtiger Einflussfaktor auf Fluktuation (siehe Abschnitt 2.1).

Als wichtige Ziele der Einarbeitungsphase werden in der Forschungsliteratur folgende Punkte beschrieben (Moser, Souček & Hassel, 2014):

Ziele der Einarbeitung
• Wissen, Fertigkeiten und Kenntnisse vermitteln • Unsicherheit/Stress reduzieren • Rollenklarheit schaffen • Kontakte/Beziehungsaufbau/Integration ins Team fördern • Enttäuschungen vermeiden • Normen und Werte der Organisation weitergeben

Werden diese Ziele in der Einarbeitungsphase erreicht, so sind positive Effekte auf Leistung, Arbeitszufriedenheit, organisationales Commitment und Fluktuation zu erwarten (Moser et al., 2014).

Wir gehen in diesem Abschnitt auf wichtige, ineinander übergehende Elemente der Einarbeitung ein und stellen dabei vor allem Bindungsaspekte heraus: (1) Vorbereitung auf den ersten Tag, (2) die ersten Arbeitstage, (3) Einarbeitungsplan, (4) Vorgesetzter und Einarbeitungspate, (5) Regelmäßige Einarbeitungsgespräche, (6) Knowhow-Checks und (7) Schulungen inklusive Einführungsveranstaltung. Die beiliegende Karte „Neue Mitarbeiter gut integrieren – Frühe Fluktuationen vermeiden" fasst die wichtigsten Empfehlungen in Form einer Checkliste zusammen.

Gute Einarbeitung ist eine aufwendige Tätigkeit. Für die Beteiligten, vor allem den Vorgesetzten und direkte Ansprechpartner, ist es häufig schwierig, sich die Zeit für den neuen Kollegen oder die neue Kollegin im Arbeitsalltag zu nehmen. Nicht selten bearbeiten sie ihre anderen Aufgaben normal weiter und kümmern sich zusätzlich um die Einarbeitung. Auf lange Sicht ist Einarbeitungszeit aber sehr sinnvoll investierte Zeit. Ein Kollege, der nicht richtig eingearbeitet ist, wird weniger an seine Aufgaben, das Team und das Unternehmen gebunden sein. Er macht immer wieder Fehler und bereitet dem Vorgesetzten häufig Sorgen. Es kann so weit kommen, dass er das Unternehmen wieder verlässt und das Team den Aufwand für eine erneute Einarbeitung leisten muss. Diese möglichen Konsequenzen sollten sich insbesondere Führungskräfte immer wieder vor Augen führen.

Vorbereitung auf den ersten Tag

Gute Vorbereitung auf den neuen Mitarbeiter schafft Sicherheit beim Vorgesetzten und den Kollegen im direkten Umfeld des neuen Kollegen, denn jeder weiß, was seine Aufgaben im Zuge der Einarbeitung sind. Für den neuen Kollegen ist es ein wichtiges Zeichen der Wertschätzung, wenn an seinem ersten Arbeitstag alles Notwendige bereitsteht. Er merkt, dass er willkommen ist und dass sich das Team auf ihn freut, und alle mithelfen, dass er möglichst zügig gut mitarbeiten kann. Es ist ein Signal, dass es von Anfang an mit seiner Tätigkeit „richtig losgeht" und Zeichen einer professionellen Arbeitsweise.

Entsprechend sollte sich rechtzeitig um Folgendes gekümmert werden (je nachdem, was der neue Kollege benötigt):
- Personalnummer, Anlage im Personalstamm, Identkarte/Ausweis, Schlüssel
- Arbeitsplatz inkl. aller erforderlichen Arbeitsmittel, Arbeitskleidung
- Software, Netzwerkanmeldung, E-Mail-Adresse, Telefonnummer, mögliche Verteiler, Zugänge zu Laufwerken
- Visitenkarten, Türschild, Aktualisierung Organigramm
- Unterstützung bei der Wohnungssuche oder Bereitstellung eines Hotelzimmers für die ersten Wochen

Auch die konkrete Einarbeitung kann schon im Voraus vorbereitet werden:
- Ein *fester Ansprechpartner* sollte definiert werden. Neben dem Vorgesetzten ist es für das emotionale Ankommen im Unternehmen wichtig, einen weiteren festen Ansprechpartner (= „Einarbeitungspate" oder „Buddy") zu haben, der auf gleicher Ebene steht. Die Erfüllung dieser Aufgabe kann sehr aufwendig sein. Der Ansprechpartner sollte daher gut ausgewählt werden und auch die zeitlichen Ressourcen haben, um sich um den neuen Kollegen zu kümmern. Wichtig ist, dass die verschiedenen Akteure die anstehenden Einarbeitungsaufgaben gut untereinander verteilen.
- Ein Mitarbeiterwechsel kann eine gute Gelegenheit sein, die *Aufgabenpakete* im Team neu zu verteilen oder Prozesse zu verändern. Ziel ist, dass jedes Teammitglied mit seinem Aufgabenpaket grundsätzlich zufrieden ist. Schon für den Auswahlprozess sollte im Zuge der Erwartungsklärung möglichst präzise geklärt werden, welche Aufgaben der neue Kollege übernehmen wird. Auch das Aufgabenpaket des neuen Kollegen sollte attraktiv und entsprechend abwechslungsreich, verantwortungsvoll sowie ganzheitlich mit Lern- und Entwicklungspotenzial gestaltet sein.
- Für die Sicherung effektiver und effizienter Arbeitsabläufe sollten generell für alle Aufgaben *Arbeitsanleitungen* vorliegen. Für eine umfassende, selbsterklärende und übersichtliche Darstellung muss ausreichend Zeit eingeplant werden. Im besten Fall kann dies der (ausscheidende) Mitarbeiter übernehmen, in dessen Verantwortung die Aufgaben des neuen Mitarbeiters bisher lagen.
- Der *Einarbeitungsplan* für den neuen Kollegen sollte vorbereitet werden und an seinem ersten Arbeitstag fertig vorliegen (siehe unten).
- Die Zeit zwischen Vertragsschluss und erstem Arbeitstag kann gegebenenfalls auch schon für die *soziale Integration* genutzt werden. So kann der neue Kollege bereits vor dem ersten Arbeitstag zu Teamritualen wie Teamessen oder Teamausflügen eingeladen werden. Ein weiteres wertschätzendes Signal an den neuen Kollegen können die Versendung eines Welcome-Pakets mit beispielsweise Produkten zum Testen, Informationen zum Unternehmen, zu Lernangeboten, zu Arbeitsbedingungen oder auch der aktuellen Ausgabe des Mitarbeitermagazins darstellen.
- In der Woche vor Arbeitsbeginn empfehlen wir, nochmals *Kontakt zum neuen Mitarbeiter* zu suchen. Besser per Telefon oder Videotelefonat, aber auch per

E-Mail, können Informationen zum ersten Tag (Was muss der Mitarbeiter an seinem ersten Tag mitbringen? Wann und wo geht es los? Wo kann das Auto geparkt werden? Wie ist der Dresscode? Wer ist der Ansprechpartner für den ersten Tag? Wie ist der Tagesablauf inkl. Pausen? usw.) besprochen und somit ein Teil der Unsicherheit des neuen Kollegen reduziert werden. Auch bietet dieses Telefonat die Gelegenheit, in der Zwischenzeit entstandene Fragen des neuen Mitarbeiters zu klären.

Die ersten Arbeitstage

Am ersten Tag strömen sehr viele unbekannte Eindrücke auf den neuen Kollegen ein. Es ist anstrengend für den neuen Mitarbeiter, diese alle aufzunehmen, zu verarbeiten und sich möglichst viele Inhalte gleich am ersten Tag zu merken. Eine sinnvolle Gestaltung der ersten Tage kann dabei große Unterstützung leisten: Der direkte Vorgesetzte oder auch der definierte Ansprechpartner sollten den neuen Kollegen *begrüßen,* ihm relativ bald seinen *Arbeitsplatz zeigen* und ihn dort ankommen lassen. Der Arbeitsplatz ist der eigene Bereich, dient somit auch als Rückzugsort und gibt Sicherheit. Gleich am ersten Tag benötigt der Mitarbeiter Zeit, den Arbeitsplatz zu seinem eigenen zu machen und sich sein (digitales) Postfach, seine Ablage usw. einzurichten.

Bei der Begrüßung sollte der neue Mitarbeiter eine Art *Agenda,* einen Fahrplan für die erste Arbeitswoche, erhalten. Diese Agenda sollte möglichst folgende Punkte enthalten:
- *Vorstellung der wichtigsten Ansprechpartner:* Vorgesetzte, Kollegen im Team, Assistenzen, Kollegen anderer Teams, mit denen gemeinsame Aufgaben anstehen
- *Führung durch das Unternehmen* (inklusive Betriebsgelände)
- *Gespräche mit Vorgesetztem und Ansprechpartner* (inklusive gegenseitiger Erwartungsklärung (siehe dazu Abschnitt 4.1.3): Überblick über die Aufgaben, kurze Einführung in die Unternehmenskultur, Besprechen des Einarbeitungsplans, Übergabe erster Unterlagen zum Einarbeiten oder gar erster Aufgaben); die Führungskraft sollte klar die Botschaft vermitteln: „Wir freuen uns auf dich! Schön, dass du da bist! Mir ist dein Einstieg wichtig, ich nehme mir Zeit dafür."
- *Gemeinsame Pausen* (z. B. Frühstück oder Mittagessen in der Kantine) mit dem Team, dem Vorgesetzten oder dem Ansprechpartner können das gegenseitige Kennenlernen und die Integration unterstützen
- *erste Kurzschulungen*
- kurze *Reflexion* der ersten Tage mit dem Vorgesetzten

Es ist wichtig, neuen Kollegen einen *gut strukturierten Überblick* über ihr Aufgabengebiet zu geben. Mithilfe eines Mindmaps, eines Prozessplans oder Ähnlichem sollte das Aufgabengebiet des Mitarbeiters strukturiert, übersichtlich und visualisiert dargestellt werden. Erfährt der Kollege später etwas Neues, so sollte für ihn klar sein, zu welchem Bereich seines Aufgabengebiets das Wissen gehört. Das hilft ihm beim Einordnen der Informationen, beim Abspeichern, beim Notizen machen und vor allem beim Wiederfinden der Informationen, wenn er sie braucht.

Die Phase der Einarbeitung bringt viel *eigenverantwortliches Lernen* mit sich. Wir empfehlen, die Bedeutung von Eigenverantwortlichkeit im Gespräch zu betonen und aufzuzeigen, welchen Stellenwert Lernen in der Organisation hat, und wie in der Organisation gelernt wird. Welche Lernangebote gibt es? Wo gibt es Arbeitsanleitungen, Tutorials und weitere Dokumente, die in der täglichen Arbeit genutzt werden können? Wie funktioniert der Anmeldeprozess zu Präsenztrainings, Webinaren und anderen Lernformaten? Welche (digital unterstützten) fachlichen Vernetzungsmöglichkeiten können zum Wissensaufbau genutzt werden?

Um nicht unvorbereitet einen ansonsten vermeidbaren Fauxpas zu begehen, benötigt der neue Kollege möglichst schnell eine Einführung in die *Unternehmenskultur*: Welche offiziellen und inoffiziellen Verhaltensregeln und Normen gelten im Unternehmen?

Für den neuen Mitarbeiter ist es außerdem wichtig, schon recht bald *erste Aufgaben* oder auch Teile der Einarbeitung selbst erledigen zu können und nicht ständig nachfragen zu müssen. Möglichst schnell sollte er erste (kleine) Erfolgserlebnisse und das Gefühl von Selbstwirksamkeit („Ich kann meine Aufgaben gut erledigen." bzw. „Ich brauche nicht ständig jemanden an meiner Seite." oder „Ich bringe dem neuen Unternehmen Mehrwert.") erreichen. Schon am ersten Tag sollte der neue Mitarbeiter Zeitfenster haben, in denen er selbständig etwas tut – Unterlagen anschauen, Arbeitsplatz einrichten, erste Aufgaben übernehmen usw.

Gegen Ende des ersten Tages zeigt der Vorgesetzte dem Mitarbeiter Wertschätzung, indem er mit dem neuen Kollegen den Tag kurz Revue passieren lässt und einen Ausblick auf den kommenden Tag gibt:

- Wie sieht das Resümee des ersten Tages aus?
- Was hat heute überrascht – positiv wie negativ?
- Was sollte in den kommenden Tagen beibehalten werden? Was sollte geändert werden und wie?
- Was ist dem neuen Kollegen heute schon gut gelungen (aus Sicht des Mitarbeiters selbst und des Vorgesetzten)?
- Welche Note bekommt der heutige Tag? Was ist in die Note alles eingeflossen? Was kann zu einer Verbesserung der Note beitragen?

Einarbeitungsplan

Der Einarbeitungsplan ist eine strukturierte Liste mit allen Dingen, die im Zuge der Einarbeitung erledigt werden müssen (z.B. Unterweisung im Arbeits- und Brandschutz), und allen Aufgaben inklusive Unteraufgaben, die dem neuen Mitarbeiter übergeben werden. Es können jeweils ein Feld zum Abhaken, eine Priorität oder auch ein Zeitpunkt der Übergabe eingefügt werden. Teilen sich mehrere

Kollegen die Einarbeitung auf, sollte notiert werden, wer mit dem neuen Kollegen über welche Aufgabe spricht. Tabelle 4 zeigt einen beispielhaften Ausschnitt aus einem Einarbeitungsplan.

Tabelle 4:   Ausschnitt aus einem Einarbeitungsplan

To-dos im Rahmen der Einarbeitung	erledigt	Zeitpunkt
Identkarte und Einfahrtchip am Empfang abholen	☐	1. Tag
Begrüßung aller Kolleginnen und Kollegen im Team	☐	1. Tag
Begrüßung der Ressortleitung und der Assistenzen	☐	1. Tag
Vorstellung des Paten/der Paten für die Einarbeitung und Erklärung seiner/ihrer Funktionen	☐	1. Tag
Durchführen der arbeitsplatzspezifischen Erstunterweisung im Brand- und Arbeitsschutz	☐	1. Tag

Der Einarbeitungsplan erfüllt mehrere Funktionen: Er zeigt den einarbeitenden Kollegen, welche Punkte schon mit dem neuen Mitarbeiter besprochen wurden und welche noch offen sind. Der neue Mitarbeiter hat dadurch einen guten Überblick darüber, wie der aktuelle Stand seiner Einarbeitung ist. Er kann somit recht gut abschätzen, was noch auf ihn zukommt. Gleichzeitig ermöglicht ein Einarbeitungsplan dem Mitarbeiter, konkreter nach weiteren Inhalten zu fragen. Ohne Einarbeitungsplan könnte es passieren, dass der neue Mitarbeiter gar nicht weiß, wonach er fragen sollte, da ihm der Überblick fehlt. Relevant können die Einarbeitungspläne auch im Zuge der Zertifizierung nach DIN EN ISO 9001 (Qualitätsmanagement des Unternehmens) sein, wenn nach dem Wissen der Mitarbeiter gefragt wird und entsprechende Nachweise zu erbringen sind.

In der Praxis hat es sich bewährt, den Einarbeitungsplan parallel zu den Arbeitsanleitungen (siehe oben) zu schreiben oder mit diesen abzugleichen. Durch das Einbinden der Teamkollegen können deren Erfahrungen mit in den Einarbeitungsplan einfließen. Mithilfe eines sorgfältig vorbereiteten Einarbeitungsplans kann dem Mitarbeiter vermittelt werden, wie wichtig dem Unternehmen und dem Vorgesetzten seine Einarbeitung sind. Gemeinsam mit der Vorstellung des Einarbeitungsplans kann auch der oben bereits erwähnte visualisierte Überblick über den Arbeitsbereich gegeben werden. Dem Mitarbeiter soll auf diese Weise deutlich gemacht werden, wie wichtig seine Arbeit ist und wie diese in den Wertschöpfungsprozess des Unternehmens eingebettet ist. Die Einordnung in den Gesamtprozess zeigt auch bei scheinbar einfachen Routineaufgaben die Bedeutsamkeit der Aufgaben des neuen Mitarbeiters. Wie in Abschnitt 2.1 gezeigt, ist das Wissen um die Wichtigkeit, die Bedeutung der eigenen Arbeit ein bedeutsamer Prädiktor im Fluktuationsprozess.

Vorgesetzter und Einarbeitungspate

Einarbeitung ist einerseits Chefsache, andererseits kennt der Vorgesetzte oft die Aufgaben des Mitarbeiters nicht im Detail. Auch fehlt es dem Vorgesetzten häufig an Zeit, die Einarbeitung bis ins Detail selbst zu machen. Einen weiteren festen Ansprechpartner für die Einarbeitung (=Einarbeitungspate) zu definieren, entlastet den Vorgesetzten und ermöglicht dem neuen Kollegen einen Ansprechpartner auf kollegialer Ebene. Der Einarbeitungspate kann der erste wertvolle soziale Kontakt im Unternehmen sein und der Ausgangspunkt für ein gutes soziales Netzwerk. Für den Einarbeitungspaten kann die Begleitung eines neuen Kollegen eine Bereicherung sein und dessen Kommunikations- wie Kooperationsfähigkeiten fördern (Moser et al., 2018).

In der Verantwortung des Vorgesetzten liegen eher folgende Themen:	Der Einarbeitungspate ist schwerpunktmäßig für operative Themen verantwortlich:
• Vertragliche Vereinbarungen und andere rechtlich relevante Themen (z.B. betriebliche Vereinbarungen, Homeoffice, Unterweisungen) • Organisatorisches (z.B. Vorgehen bei Abwesenheiten, Urlaub, spezielle Regeln im Team) • Führungsthemen (z.B. Erwartungsklärung, Personalgespräche, Zielvereinbarungen, Leistungsbeurteilung, Schulungsteilnahme, Arbeitsbedingungen) • Gemeinsames Durchgehen und Weiterbearbeiten des allgemeinen Parts des Einarbeitungsplans • Gegenseitiges Feedback	• Inhaltliche Einarbeitung (z.B. Zeigen der Aufgaben, Überprüfung des Könnens) • Vermittlung der Unternehmenskultur (z.B. Hinweis auf informelle Regeln im Team) • Unterstützung bei der Integration ins Team • Beantworten der seit der letzten Besprechung gesammelten Fragen des neuen Kollegen • Reflexion der Aufgaben • Gemeinsames Durchgehen und Weiterbearbeiten des inhaltlichen Bereichs des Einarbeitungsplans • Besprechen von stressigen und herausfordernden Situationen • Vor- und Nachbesprechen von Knowhow-Checks (schriftlich oder mündlich) • Vor- und Nachbereiten von Schulungen

Regelmäßige Einarbeitungsgespräche

Wir empfehlen zu Beginn der Einarbeitung mehrmals wöchentliche Regeltermine sowohl zwischen Vorgesetztem und Mitarbeiter wie auch zwischen Einarbeitungspaten und Mitarbeiter. Gerade diese persönlichen Reflexionstermine sind wichtig für die Bindung und Integration des neuen Kollegen.

Regelmäßige Besprechungen helfen den Einarbeitungsprozess zu strukturieren, das Vorankommen zu überprüfen und bei Bedarf zu korrigieren. Auch die Integ-

ration ins Team sollte thematisiert werden. Mögliche Fragen können sein (wir nehmen nachfolgend an, dass Mitarbeiter und Führungskräfte sich duzen, wie dies in
vielen Organisationen heute üblich ist):

- Wie kommst du voran?
- Was sind deine bisherigen Highlights?
- Wie fühlst du dich im Team?
- Wie gestaltet sich die Zusammenarbeit mit Kolleginnen und Kollegen/mit Füh-
  rungskräften?
- Wie sieht der aktuelle Zwischenstand bei deinen Aufgaben konkret aus?
- Wie bist du vorgegangen?
- Welche Zwischenziele hast du erreicht?
- Was steht als Nächstes an?
- Wie möchtest du dabei vorgehen? Welche Schritte planst du?
- Wobei benötigst du Unterstützung?

Hilfreiche Fragen für die Gespräche finden sich auch in Abschnitt 4.1.3 zur Erwartungsklärung.

Um die *Selbstwirksamkeit* zu stärken, sollte der neue Kollege lernen, sich selbst zu
helfen und mögliche Herausforderungen selbst zu meistern. Im Gespräch kann
das gemeinsam vorbereitet werden: (1) Welche Herausforderungen können auf-
tauchen? (2) Wie kannst du dir selbst helfen? (3) Wo und wie kannst du dir Hilfe
holen?

Ein wichtiges Element der Einarbeitung ist das *gegenseitige Feedback*. Der Schwerpunkt des Feedbacks liegt auf Seiten der Einarbeitenden (z. B. Wie erfolgreich
erledigt der neue Kollege seine Aufgaben?), jedoch auch der neue Mitarbeiter
gibt den Einarbeitenden Feedback (z. B. Wie erlebt der neue Mitarbeiter die Unterstützung durch die Einarbeitenden?). Nicht nur im Zuge der Einarbeitung,
sondern auch während der gesamten beruflichen Zusammenarbeit gibt es regelmäßig Anlässe für gegenseitiges Feedback. Diese Form der Rückmeldung kann
sehr positive Auswirkungen auf Arbeitsleistung, Zusammenarbeit und gegenseitige Bindung haben. Konstruktives Feedback zu geben und auch zu erhalten, passiert jedoch nicht nebenbei. Gute Vorbereitung und das Beachten von Feedbackregeln ermöglichen qualitativ hochwertiges Feedback (Semmer & Jacobshagen,
2010).

Knowhow-Checks

Gerade zu Beginn der Einarbeitungsphase ist es wichtig, die Arbeitsleistung des
neuen Kollegen regelmäßig zu überprüfen. Es reicht nicht aus, dem neuen Kollegen die Aufgaben laut Einarbeitungsplan zu übergeben, er muss diese auch verstanden haben und das Wissen künftig im Arbeitsalltag anwenden können. Die
Überprüfung des Wissens in Form von Knowhow-Checks (z. B. Arbeitsproben,

mündliche Abfragen, Überprüfung der erledigten Arbeit) gehört also genauso zum Bearbeiten des Einarbeitungsplans wie das Übergeben und Erklären der verschiedenen Aufgaben.

In der Anfangsphase ist der neue Mitarbeiter häufig nach Erledigung von Aufgaben selbst unsicher, ob er alles richtig gemacht hat. Im Knowhow-Check gemachte Fehler weisen auf (erneuten) Erklärungsbedarf hin. Zusätzlich merkt der Mitarbeiter selbst, bei welchen Themen er noch Fragen hat und kann dies im Feedbackgespräch ansprechen. Gemeinsam kann somit Sicherheit beim neuen Mitarbeiter geschaffen werden und das Einschleifen falscher Routinen verhindert werden.

Ziel ist es, den Fokus weg von Kontrolle durch den Knowhow-Check hin zum Schaffen von Vertrauen, Sicherheit und Selbstwirksamkeit zu lenken. Der Mitarbeiter sollte möglichst keine Angst vor den Knowhow-Checks haben, sondern die damit einhergehenden Chancen sehen. Im Gespräch macht der Vorgesetzte dem Mitarbeiter den Hintergrund, die Ziele, den Nutzen und das Vorgehen bei den Knowhow-Checks transparent. Im besten Fall sind die Knowhow-Checks ganz unspektakulär und selbstverständlich in den Arbeitsalltag eingebettet.

Im Laufe der Einarbeitung wird das Maß an Kontrolle dann schrittweise reduziert. Aufgrund seiner mangelnden Vertrautheit mit den Aufgaben der neuen Position ist der Mitarbeiter beim Einstieg ins Unternehmen noch sehr unselbständig. Im Laufe der Einarbeitung gewinnt der Mittarbeiter aber stetig an Selbständigkeit. Kontrolle und Unterstützung nehmen ab, während gleichzeitig Vertrauen, Selbständigkeit und Sicherheit steigen.

Knowhow-Checks sollten so viel praktische Relevanz wie möglich haben. Schon bei Erstellung des Einarbeitungsplans können sich die Einarbeitenden Gedanken machen, wie das zu erlernende Wissen und Können überprüft werden kann. Grundsätzlich können Knowhow-Checks unterschiedliche Formen haben und müssen individuell auf den jeweiligen Arbeitsplatz zugeschnitten werden. Beispielsweise kann der Vorgesetzte den neuen Mitarbeiter *direkt im Arbeitsalltag* bei seinen Alltagsaufgaben an seinem Arbeitsplatz begleiten, ihm über die Schulter schauen und anschließend Feedback geben. Diese Form des Knowhow-Checks ist ziemlich zeitintensiv, dafür sehr individuell und setzt direkt beim Handlungswissen des Mitarbeiters an. Es wird das tatsächliche Verhalten beobachtet und reflektiert.

Liegen bisher noch keine *Arbeitsanleitungen* für die Aufgaben des neuen Mitarbeiters vor, kann es auch eine sinnvolle Aufgabe sein, den neuen Mitarbeiter zu bitten, als Knowhow-Check eine Arbeitsanleitung über seine Tätigkeiten zu schreiben. Der Vorgesetzte überprüft das entstandene Dokument und kann dem neuen Mitarbeiter eine Rückmeldung dazu geben. Künftig kann die Arbeitsanleitung dann auch von Vertretungen oder weiteren neuen Kollegen genutzt werden.

Auch *schriftliche Wissenstests,* die das gelernte Wissen überprüfen, können gegebenenfalls als Knowhow-Check infrage kommen. Diese werden meist standardisiert eingesetzt und ermöglichen einen Vergleich zwischen verschiedenen neuen Mitarbeitern mit gleicher Einarbeitungszeit. Sind geeignete Testaufgaben einmal erstellt, können sie für neue Mitarbeiter mit gleichem Aufgabengebiet immer wieder genutzt werden. Im Feedbackgespräch kann das Wissen auch mündlich abgefragt werden. Eine Möglichkeit besteht darin, den neuen Mitarbeiter zu bitten, die schon besprochenen fachlichen Punkte aus dem Einarbeitungsplan noch einmal in eigenen Worten für den Vorgesetzten zu erklären.

Neben der Beobachtung des Verhaltens und Überprüfung des Wissens ist ein zentraler Baustein beim Knowhow-Check das *konstruktive Feedback*. Der Mitarbeiter sollte genau wissen, was er richtig gemacht hat, welche Fehler passiert sind und wie er die Fehler beim nächsten Mal vermeiden kann. Entsprechend müssen sich die Einarbeitenden wie auch der neue Mitarbeiter für das Feedback ausreichend Zeit nehmen und Feedback sowohl mit Bedacht geben als auch annehmen.

Schulungen inklusive Einführungsveranstaltung

Der überwiegende Anteil der Einarbeitung findet direkt am Arbeitsplatz statt. Darüber hinaus können relevante Inhalte zum Unternehmen und zu den Aufgaben beim Besuch von Schulungen vermittelt werden. Bei Schulungen können neue Mitarbeiter wichtige Ansprechpartner und Kollegen in ähnlicher Situation kennenlernen. Im Austausch mit Referenten und anderen Teilnehmern können sie ihren Horizont erweitern und über den Tellerrand des eigenen Teams oder Unternehmens hinausschauen.

In den letzten Jahrzehnten haben sich die Möglichkeiten an Schulungen deutlich erweitert – neben Präsenzschulungen gibt es ein breites Angebot an digitalen Lernmöglichkeiten. Gerade für neue Mitarbeiter ist es aufgrund dieser Vielfalt oft schwierig, die passenden Schulungen zum richtigen Zeitpunkt auszuwählen. Damit die passenden Schulungen besucht werden hat es sich bewährt, dass die Einarbeitenden die Schulungen mit den neuen Kollegen gemeinsam auswählen, vorbereiten und nachbereiten.

Nach der Auswahl der Schulungen sollte der neue Mitarbeiter wissen, warum er wann zu welcher Schulung geht und was dafür jeweils im Vorfeld zu erledigen ist. Bei der konkreten, inhaltlichen Vorbereitung geht es darum, den Lernprozess schon vor der Schulung in Gang zu bringen:
- Welches Vorwissen hat der Mitarbeiter?
- In welchen Situationen ist er schon mit den Inhalten in Berührung gekommen?
- Für welche konkreten Aufgaben benötigt er noch Wissen, das er im Seminar lernen möchte?
- Welche Fragen bringt der Mitarbeiter mit in die Schulung?
- Gibt es Aufgaben, die vor der Schulung bearbeitet werden sollten? Wenn ja, was ist dabei zu tun?

Durch die Begleitung des Einarbeitenden im Schulungsprozess wird dem neuen Mitarbeiter Wertschätzung vermittelt. Die Vor- und vor allem die Nachbereitung des Seminars ermöglichen und fördern den Transfer. Im Nachgang des Seminars unterstützt der Vorgesetzte den Mitarbeiter, indem er die Schulung mit dem neuen Kollegen reflektiert:

- Was hast du in der Schulung gelernt? Was war spannend/interessant? Was hat dich verblüfft?
- Welche Inhalte könnten auch für andere Kollegen aus unserem Team interessant sein?
- Was konntest/kannst du im Arbeitsalltag einsetzen?
- Welche Fragen hast du noch? Wobei kann ich dich unterstützen?

Auf die *Einführungsveranstaltung,* häufig auch als „Welcome"-Veranstaltung bezeichnet, möchten wir hier aufgrund ihrer hohen Relevanz für die Bindung an das Unternehmen besonders eingehen. In größeren Unternehmen gibt es in gewissen Abständen (z. B. monatlich oder quartalsweise) Einführungsveranstaltungen für neue Mitarbeiter. Ziele dieser Veranstaltungen sind, dass die neuen Mitarbeiter das Unternehmen und dessen Philosophie/Kultur (besser) kennenlernen, neue Kontakte zu Referenten und anderen Teilnehmern knüpfen und dadurch die Bindung zum Unternehmen steigt. Bei dieser Schulung geht es weniger um die täglichen Aufgaben des Mitarbeiters, sondern vielmehr um die Einbettung des eigenen Arbeitsplatzes in das Gesamtunternehmen. Wenn möglich, stellen die verschiedenen Bereichsleiter und Geschäftsführer das Unternehmen inklusive Unternehmensgeschichte, Strategie und Ziele, Werte usw. sowie die Unternehmensbereiche entlang der Wertschöpfungskette des Unternehmens vor. Neben den Vorträgen sollten diese Einführungsveranstaltungen interaktionsfördernde und teambildende Elemente haben – Gruppenübungen, Diskussionen, Besichtigungen und Kommunikationspausen. „Events" wie beispielsweise gemeinsames Kochen fördern den Austausch unter den neuen Kollegen und das Erleben der Kultur des Unternehmens. Die neuen Kollegen werden natürlich nicht in der Lage sein, sich alle vorgetragenen Inhalte sofort zu merken. Wichtiger ist es, dass die neuen Kollegen nach der Veranstaltung wissen, wo sie sich welche Informationen selbst beschaffen können und wen sie bei Fragen kontaktieren können. In Abschnitt 5.1 beschreiben wir ein Einarbeitungskonzept aus der Unternehmenspraxis, in dem eine Reihe der hier vorgeschlagenen Punkte gut umgesetzt werden.

4.1.2   Teambesprechungen

Teambesprechungen erfüllen verschiedene Funktionen, von denen einige auch für das Thema Fluktuation Relevanz haben. In Teambesprechungen kann aus unserer Sicht auf vier der in Abschnitt 2.1 beschriebenen Kategorien von Fluktuationsgründen Einfluss genommen werden:

- Merkmale der Arbeitsstelle (Rollenunklarheit, Rollenkonflikte, Aufgabenviel-falt, Autonomie, Ganzheitlichkeit der Aufgaben, Feedbackmöglichkeiten, Wichtigkeit, Nachvollziehbarkeit und Angemessenheit von Aufgaben)
- Merkmale der Organisation (Kommunikation, Fairness, Entwicklungsmöglichkeiten, Partizipationsmöglichkeiten, politische Spiele)
- Zusammenarbeit mit dem direkten Vorgesetzten (transformationale und wertschätzende Führung)
- Soziale Interaktionen (Teamklima)

Besprechungen mit drei und mehr Personen nehmen in Organisationen viel Zeit der Beschäftigten in Anspruch (Bain & Company, 2014) und haben zudem über die Jahre hinweg stark zugekommen (Rogelberg, Scott & Kello, 2007). Gleichzeitig werden Besprechungen von vielen Mitarbeitern als Zeitverschwendung angesehen (Elsayed-Elkhouly, Lazarus & Forsythe, 1997) mit negativen Effekten auf die Arbeitszufriedenheit und Mitarbeiterbindung (Rogelberg, Allen, Shanock, Scott & Shuffler, 2010).

In diesem Abschnitt beziehen wir uns auf eine besondere Form von Meetings: die Teambesprechungen. Wir beschreiben den möglichen Mehrwert von Teambesprechungen, aber auch die Herausforderungen, die in deren Durchführung liegen. Neben Anregungen und Fragen für die Konzeption von Teambesprechungen werden auch Aspekte der Vorbereitung, Durchführung und Nachbereitung behandelt.

Nutzen von Teambesprechungen

Mittlerweile liegen einige Studien vor, aus denen sich Schlussfolgerungen für die Gestaltung von Besprechungen im Arbeitskontext ziehen lassen (z. B. Leach, Rogelberg, Warr & Burnfield, 2009; vgl. auch Kleinmann & König, 2018). Kauffeld und Lehmann-Willenbrock (2012) finden Effekte der Qualität von Teambesprechungen auf die Zufriedenheit der Teammitglieder mit den Teambesprechungen, auf Teamproduktivität und den organisationalen Erfolg. Dabei kommt es auf die Interaktionsqualität an: Sind die Interaktionen beispielsweise eher auf die Entwicklung von Ideen und Lösungsansätzen ausgerichtet oder eher auf gegenseitige Kritik und Beschwerden?

Weiterhin gibt es Forschungsergebnisse, die die Relevanz von positiven Ratgeber- und Freundschaftsbeziehungen für die Arbeitszufriedenheit, Verbundenheit mit dem Unternehmen und auch Fluktuation verdeutlichen (Porter et al., 2019). Vor diesem Hintergrund sind positive Effekte von Teambesprechungen auf die Mitarbeiterbindung vor allem dann zu erwarten, wenn diese einen Beitrag zur Förderung von Ratgeber- und Freundschaftsbeziehungen leisten.

In der Forschung zur erfolgreichen Gestaltung von Gruppenarbeit wurden Erfolgsfaktoren herausgearbeitet, die sich aus unserer Sicht durch gute Teambesprechungen fördern lassen: partizipative Zielvereinbarungen, Moderation der gemeinsamen Arbeit, kontinuierliche Reflexion der Ergebnisse, aufgabenrelevantes Wissen miteinander teilen (Wegge, 2014). Nachfolgend diskutieren wir den möglichen Nutzen von Teambesprechungen differenzierter (siehe Tabelle 5).

Tabelle 5:   Verschiedene Nutzenaspekte von Teambesprechungen

Förderung der Teamleistung	• Informationen, die für die Bearbeitung der Teamaufgaben wichtig sind, können ausgetauscht werden. Das Wissen einzelner kann für alle im Team nutzbar gemacht werden. • Führungskräfte können die Teamaufgaben in Beziehung zu übergeordneten Abteilungs- und Unternehmenszielen setzen, was motivationsfördernd wirken kann. • Die Bedeutung von Aufgaben der verschiedenen Teammitglieder und deren Beiträge zum Teamerfolg werden sichtbar, was ebenfalls motivationsfördernd wirken kann. • Aufgaben können in Teambesprechungen mit Blick auf die Auslastung der Teammitglieder, ihre Kompetenzen und Interessen verteilt werden. • Rollen, Abläufe und Strukturen des Teams können geklärt und definiert werden.
Förderung des Teamklimas	• Teambesprechungen sind Gelegenheiten, bei denen die Teammitglieder Zeit miteinander verbringen, im fachlichen, aber auch privaten Austausch sind (z.B. in Pausen, vor und nach der eigentlichen Besprechung) und einander besser kennenlernen können – insbesondere dann, wenn Teambesprechungen mit gemeinsamen Mittagessen oder Frühstückspausen verknüpft werden. Freundschafts- und Ratgebernetzwerke werden gefördert. In der Folge sind positive Effekte auf die Bindung zum Team wahrscheinlich. • Im Austausch kann gegenseitiges Verständnis (z.B. für besonders herausfordernde Aufgaben, für private Herausforderungen) gefördert werden. • In Teambesprechungen kann Feedback gegeben werden, Konflikte können erkannt, angesprochen und gelöst werden. • Teambesprechungen sind ein Rahmen, in dem Entscheidungen stark partizipativ getroffen werden können.
Weiterbildung der Teammitglieder	• Während der Teambesprechung erfahren die Kollegen neues Wissen und bauen somit ihr Fachwissen aus. • Sie erweitern ihre Kommunikationsfähigkeiten beim Präsentieren oder in Diskussion mit ihren Kollegen. • Die Teambesprechung liefert unter anderem Möglichkeiten, Selbstverantwortung zu übernehmen, über den Tellerrand der eigenen Arbeitsaufgaben hinauszuschauen oder auch Konfliktlösungskompetenzen auszubauen.
Gelegenheit zur Beobachtung für den Teamleiter	• Die Führungskraft kann unter anderem Kommunikationsfähigkeiten, Konfliktlösungsfähigkeiten und die soziale Interaktion der Teammitglieder beobachten, einschätzen und Veränderungen wahrnehmen. • Die Teambesprechung ist somit eine wichtige Gelegenheit, um Hinweise für die aktuelle Stimmung und Bindung der Mitarbeiter zum Team zu erhalten.

Eine gute Teambesprechung bietet somit die Möglichkeit, die Teammitglieder auf unterschiedliche Art und Weise zu fördern. Gleichzeitig gibt es eine ganze Reihe an Störfaktoren, die effektiven und effizienten Meetings entgegenstehen. Als Reaktion darauf ergeben sich Empfehlungen, um mit diesen Schwierigkeiten gut umgehen zu können (Kauffeld & Lehmann-Willenbrock, 2012; Kleinmann & König, 2018; Odermatt, Kleinmann, König & Giger, 2013; Odermatt, König & Kleinmann, 2016). Diese forschungsbasierten Empfehlungen haben wir in diesem Abschnitt berücksichtigt.

Empfehlungen zum Aufbau von Teambesprechungen

Nicht nur die Teammitglieder sind in ihren Wünschen und Bedürfnissen unterschiedlich, genauso können die Anforderungen an eine Teambesprechung von Team zu Team variieren. Beispielsweise müssen auf einer Station im Krankenhaus täglich neue Patienten und damit verbundene Aufgaben verteilt werden. Daneben gibt es heterogen arbeitende Teams, bei denen jeder Mitarbeiter andere Aufgaben hat. Diese Teams haben nicht so viele arbeitsbezogene Themen, um hochfrequente Teambesprechungen zu füllen. Hier kann es ausreichen, sich alle ein bis zwei Monate zu einer Teambesprechung zu treffen. Werden ausschließlich Aufgaben verteilt, reichen wenige Minuten für eine Besprechung, werden Inhalte, Ziele usw. ausführlich besprochen und weitreichende Entscheidungen getroffen, kann eine Besprechung deutlich mehr Zeit in Anspruch nehmen.

Wichtig ist, dass sich der Vorgesetzte oder auch das Team gemeinsam Gedanken machen, wie die Besprechungskultur für das entsprechende Team am besten aussehen kann. Schon bei der Erstellung des Besprechungskonzeptes ist Partizipation möglich. Wenn die Teammitglieder ihr eigenes Besprechungskonzept definieren, sollte sie dies motivieren, es auch zum Erfolg zu bringen. Wie sich das Unternehmen, das Team und die Mitarbeiter verändern und weiterentwickeln, so sollte sich auch das Besprechungskonzept den veränderten Bedürfnissen anpassen. Folgende Aspekte sollten bei der Konzeption von Teambesprechungen beachtet werden:

- Ziele und Funktionen der Teambesprechung

Vorgesetzter und Teammitglieder sind aufgefordert zu überlegen, welche Ziele sie mit ihrer Teambesprechung erreichen möchten. Welche Funktionen soll eine Teambesprechung erfüllen? Was sind die Ziele? Wie stark steht die reine Informationsweitergabe im Vordergrund? Inwieweit müssen regelmäßig Aufgaben verteilt werden? Sollen gemeinsam Entscheidungen getroffen werden? Soll fachliches Wissen vermittelt/trainiert werden? Inwieweit soll Raum für privaten Austausch gegeben werden?

- Frequenz und Dauer der Teambesprechung

Wie oben aufgezeigt, variiert die sinnvolle *Frequenz* von Teamtreffen zwischen täglich und Besprechungen alle ein bis zwei Monate. Generell sind Routinen für Teambesprechungen zu empfehlen. Sind Routinen einmal eingeschliffen, können sich die Teilnehmer mehr auf den Inhalt und die Ziele konzentrieren, sodass die Besprechungen effizienter werden. Routinen fangen schon beim Termin an. Feste Regeln wie „jeden Mittwoch um 10 Uhr" oder „jeder erste Montag im Monat" am besten gekoppelt an den gleichen Veranstaltungsort erleichtern die Routinebildung.

Wir empfehlen, die *Dauer* von Teambesprechungen mit Blick auf die begrenzte Aufmerksamkeitsspanne auf maximal zwei Stunden zu terminieren und dabei nach 45 bis 60 Minuten eine 5- bis 10-minütige Pause einzulegen. Wenn die Frequenz der Teambesprechung recht hoch ist (z. B. täglich, einmal pro Woche) sollte die Dauer deutlich kürzer sein.

- (Persönliche) Anwesenheit bei der Teambesprechung

Wer sollte bei der Teambesprechung alles dabei sein? Heißt die Besprechung „Teambesprechung", sollte der geladene Teilnehmerkreis alle Mitarbeiter des Teams umfassen. Der Termin sollte so gewählt sein, dass grundsätzlich auch alle Teammitglieder teilnehmen können, v. a. bei Teilzeitkräften muss der Termin sorgfältig gewählt sein. Wichtige Ziele der Teambesprechung sind, wie oben genannt, Teamklima und Teamzusammenhalt zu fördern. Werden einzelne Kollegen ausgeschlossen, führt das häufig zu Unstimmigkeiten und sollte deshalb unbedingt vermieden werden. Ist das Team so heterogen, dass es nur wenige Themen gibt, die für alle Kollegen relevant sind, sollten sowohl die Frequenz der Teambesprechungen wie auch die Dauer reduziert werden. Gibt es Themen zu besprechen, die nicht alle Teammitglieder betreffen, können diese in separaten Besprechungen mit entsprechendem Titel diskutiert werden. Bei virtuellen Teams (vgl. auch Boos, Hardwig & Riethmüller, 2017) oder Teams mit mehreren Homeoffice-Mitarbeitern ist es sinnvoll, die Besprechungen per Videokonferenz zu veranstalten. Zur Förderung der sozialen Interaktion und des Teamklimas werden gelegentliche persönliche Treffen dennoch empfohlen – hier müssen Aufwand und möglicher Nutzen insbesondere bei einer großen räumlichen Entfernung der Teammitglieder gut abgewogen werden.

- Inhalte und Ablauf der Teambesprechung

Um die Vorteile von Routinen für Teambesprechungen nutzen zu können, sollten die Besprechungen einen möglichst gleichen Aufbau haben. Es sollte zudem eine

Agenda geben. Die folgende Struktur kann bei der Durchführung von Teambesprechungen helfen.

Teamrunde. In einer *Teamrunde* hat jedes Teammitglied inklusive des Teamleiters ca. 2 Minuten, um kurz zu beschreiben, was bei ihm ansteht. Mögliche Themen können sein: Was bewegt die Kollegen? Woran arbeiten sie aktuell? Was hat in der letzten Zeit gut geklappt? Wer benötigt Unterstützung? Bei wem im Team möchten sich Kollegen bedanken? Gleichzeitig dient die Teamrunde auch dazu, Anliegen, Fragen und weitere Besprechungspunkte zu sammeln. Jeder kann noch über die bestehende Agenda hinaus wichtige Themen einbringen. Dabei ist es gut, wenn Probleme benannt werden, die im Rahmen der Teambesprechung lösungsorientiert bearbeitet werden können. Gleichzeitig sollte jedoch vermieden werden, dass die Teamrunde für gegenseitige Vorwürfe im Team oder allgemeines Beschweren und Klagen genutzt wird.

Wichtig ist, dass die Teamrunde *Blitzlichtcharakter* hat und wirklich alle Kollegen ihre Themen kurz auf den Punkt bringen. Bei einem kleinen Team mit nur 5 Kollegen beträgt die Dauer der Teamrunde 10 Minuten, wenn jeder 2 Minuten spricht. Spricht jeder 4 Minuten bei 7 Kollegen dauert die Teamrunde schon 30 Minuten. Bei Bedarf kann ein Timer oder eine Sanduhr eingesetzt werden, um alle an die Zeit zu erinnern. Wichtige Ziele der Teamrunde sind neben dem Sammeln von weiteren Agendapunkten, alle Kollegen zu Wort kommen zu lassen, einen Eindruck der Lage und Stimmung des Teams zu bekommen, für alle einen Überblick zu schaffen, und Verständnis für die Kollegen und deren Aufgaben zu entwickeln. Die Teamrunde ist somit ein sehr wichtiges partizipatives und bindungsförderndes Element der Teambesprechung. Wir empfehlen, die Teamrunde an den Anfang der Besprechung zu legen. Jedes Teammitglied wird damit gleich zu Beginn aufgefordert, sich in die Besprechung einzubringen.

Maximal 2 bis 3 Schwerpunktthemen inklusive Entscheidungen. Wichtige Themen an den Anfang der Besprechung zu stellen, hat den Vorteil, dass diese auf jeden Fall genug Raum erhalten und nicht am Ende unter Zeitdruck besprochen werden müssen. Schwerpunktthemen können Themen sein, zu denen die Führungskraft oder ein Teammitglied informiert, es kann um Themen zur Diskussion im Team oder zur Entscheidungsfindung gehen. Die Partizipation und die Selbstverantwortung des Teams können gefördert werden, wenn möglichst viele Entscheidungen vom Team getroffen werden können. Der Vorgesetzte sollte klar trennen zwischen Entscheidungen, die er selbst trifft und denen, die er dem Team zur Entscheidung geben kann und möchte. Wichtig ist, dass der Vorgesetzte dies entsprechend deutlich formuliert. Dem Team sollte klar sein, welche Entscheidungen es selbst treffen kann und welche Entscheidungen der Vorgesetzte allein trifft, das Team aber im Bedarfsfall um Meinung und Rat fragt. Zu Schwerpunktthemen können im Team Ideen entwickelt, mögliche Lösungen abgewogen, Entscheidungen getroffen und nächste Schritte geplant werden. Auch an dieser Stelle ist wichtig, lösungsorientiert zu arbeiten und nicht in einen Modus des Klagens oder des Austauschens von Vorwürfen zu kommen.

Aufgabenverteilung und gegenseitige Unterstützung. Sind seit dem letzten Teamtreffen neue Aufgaben, Klienten, Fälle, Aufträge oder Ähnliches hinzugekommen, werden diese verteilt. Auch bei der Verteilung sollte möglichst immer das gleiche, teamindividuelle Vorgehen angewendet werden. Welche Informationen brauchen die Teammitglieder, um sich entscheiden zu können? Müssen alle Aufgaben verteilt werden, oder können sich auch alle Teammitglieder einer bestimmten Aufgabe verwehren und diese abgelehnten Aufgaben dann in einem Aufgabenspeicher gesammelt werden? Sollten erst alle Aufgaben kurz vorgestellt werden, bevor sich die Kollegen entscheiden?

Allgemeine (evtl. auch vertrauliche) Informationen für das Team (z.B. von höheren Führungsebenen). Bei der Bekanntgabe von allgemeinen Informationen sollte der Vorgesetzte soweit möglich die zugrundeliegenden Hintergründe erklären, um so auch bei unangenehmen Informationen um Verständnis werben zu können. Möglichst viel Transparenz und Ehrlichkeit fördern das Commitment der Teammitglieder.

Besprechung von Protokoll und offenen Punkten. Im Protokoll wird beispielsweise dokumentiert, an welchen gemeinsamen Teamaufgaben das Team gerade arbeitet, was der jeweilige Stand ist und wer bis wann welche Aufgaben zu erledigen hat. Während der Teambesprechung wird jeweils der aktuelle Stand besprochen und weitere Schritte definiert. Auch andere Aufgaben, die nur von einem Teil der Teammitglieder bearbeitet werden, allerdings hohe Relevanz für das ganze Team haben, können über das Protokoll verankert werden. Bei Aufgaben einzelner Teammitglieder empfehlen wir eher eine Verankerung in Einzelabstimmungen zwischen Führungskraft und Mitarbeiter.

Revisionspunkte und regelmäßig wiederkehrende Themen, die beispielsweise in einem Revisionskalender festgehalten sind, sollten in entsprechend vereinbarten Zyklen angesprochen werden (z.B. ein jährlicher Hinweis, bis wann der Jahresurlaub beantragt werden muss).

Anschließen kann sich eine Runde mit *aktuellen Anliegen* der Kollegen (aus der Teamrunde zu Beginn), falls diese noch nicht besprochen wurden. Wichtig ist hier, dass jeder mit seinen Anliegen Gehör findet.

Möglich ist auch eine *kleine Lerneinheit,* die von der Führungskraft oder auch von Teammitgliedern vorbereitet wird. Hier können Fehler und deren Vermeidung, neue Projekte oder Ideen, neue Methoden usw. vorgestellt werden. Stellt ein Mitarbeiter in diesem Rahmen sein Projekt oder eine neue Methode vor, erlebt er Wertschätzung, und die Bedeutung seiner Arbeit wird deutlich.

Feedback zur Teambesprechung und Abschlussblitzlicht. Das Gelingen der Teambesprechung ist Aufgabe des gesamten Teams. Gegen Ende der Besprechung ist es gelegentlich sinnvoll zu hinterfragen, wieviel Mehrwert die Besprechung gestiftet hat. So können Ansatzpunkte zur Veränderung der Konzeption der Teambesprechung gefunden und entsprechende Maßnahmen definiert werden. Mögliche Fragen sind: Wie gut fand ich die Teambesprechung? Was hätten wir besser machen können? Was nehme ich aus der Besprechung mit? Wie geht es mir jetzt? Die letzte kurze Runde kann somit nochmals für die Selbstreflexion, Betonung der Selbstverantwortung des Teams für die Teambesprechung, Wiederholung usw. genutzt werden. Um verschiedene Aspekte zu betonen, kann das Thema des Blitzlichts variieren.

- ## Spielregeln für die Teambesprechung

Nachfolgend sind einige allgemeingültige Regeln aufgelistet, die eine mögliche Grundlage für die individuellen Spielregeln bilden können (vgl. auch Kleinmann & König, 2018):
- Alle Teammitglieder sind für das Gelingen der Besprechung verantwortlich und bringen sich entsprechend ein.
- Alle Teammitglieder bereiten sich auf die Besprechung vor.
- Jeder bringt etwas zum Notieren mit.
- Alle Teammitglieder achten auf einen pünktlichen Start und ein pünktliches Ende der Teambesprechung.
- Jeder darf ausreden, die Kollegen hören zu und zeigen dadurch gegenseitige Wertschätzung. Parallele Gespräche während eines Redebeitrags werden vermieden.
- Alle Teammitglieder bleiben beim jeweiligen Thema und vermeiden ausufernde Monologe, Abschweifungen in andere Themen und Wiederholungen von bereits Gesagtem.
- Diskussionen werden lösungsorientiert geführt. Vermieden werden: Vorwürfe gegenüber Teammitgliedern, das Suchen von Schuldigen für aufgetretene Probleme, Wegschieben von Verantwortung.
- Der Moderator der Teambesprechung darf eingreifen, wenn Teammitglieder sich nicht an Besprechungsregeln halten (z. B. in andere Themen abschweifen).

- ## Verteilung der Aufgaben und Rollen innerhalb der Teambesprechung

Aus unserer Erfahrung ist es für eine einzelne Person herausfordernd, all den Aufgaben und Rollen im Rahmen einer Teambesprechung gleichzeitig gerecht zu werden. Aus diesem Grund empfehlen wir, die in Tabelle 6 dargestellten Rollen im Team zu verteilen. Die mit der Erfüllung der verschiedenen Rollen einhergehenden Kompetenzen sind für Unternehmen wichtig und können als solche vom Vorgesetzten hervorgehoben, entsprechend wertgeschätzt und gefördert werden. Die Verteilung der Aufgaben führt gleichzeitig zu mehr Partizipation und Selbstverantwortung des Teams.

Tabelle 6:   Mögliche Rollen in Teambesprechungen

Protokollant	Kurz, prägnant, selbsterklärend und bestenfalls noch während der Besprechung zu formulieren, benötigt etwas Übung. Sich gleichzeitig noch in der Besprechung aktiv zu beteiligen, kann eine Herausforderung werden. Daher empfehlen wir, das Protokoll über mehrere Teamsitzungen hinweg vom gleichen Teammitglied schreiben zu lassen und v. a. am Anfang von einem anderen Teammitglied (bestenfalls der Führungskraft) Korrekturlesen zu lassen.
Moderator	Sehr häufig übernimmt der Vorgesetzte die Moderation der Teamsitzung. Der Moderator sollte unter anderem die Besprechung eröffnen und durch die Agenda leiten, auf die Atmosphäre achten, die Zeit im Blick haben, auf ausgewogene Redeanteile der Teammitglieder achten, die Klarheit und Verständlichkeit in der Kommunikation sicherstellen, Themen zum Abschluss und zur Entscheidung bringen, den Fokus auf den Zielen und dem Vorankommen der Besprechung haben, um einem Verzetteln entgegenzuwirken und dabei noch auf einen angenehmen Gesprächsfluss achten. Es kann eine reizvolle Aufgabe für Mitarbeiter sein, in Teambesprechungen ihre Moderationsfähigkeiten zu üben und auszuweiten. Es ist sogar möglich, die unterschiedlichen Aufgaben des Moderators auf verschiedene Mitarbeiter zu verteilen – so kann es einen Zeitwächter, einen Roter-Faden-Wächter, einen Regelwächter usw. geben.
Trainer	Bei jeder Teambesprechung kann ein anderer Kollege einen kleinen Trainingsteil für seine Kollegen durchführen. So hat jeder die Möglichkeit, etwas von seinem Wissen weiterzugeben und gleichzeitig an seinen Kompetenzen als Trainer zu arbeiten.
Beobachter und Feedbackgeber	Teambesprechungen sind eine wichtige Gelegenheit für die Führungskräfte, ihr Team zu beobachten. Möchte die Führungskraft diese Aufgabe intensiv wahrnehmen, dann ist es aus unserer Sicht sinnvoll, die zuvor genannten Aufgaben an Mitarbeiter zu delegieren. Mögliche Fragen zur Fokussierung der Beobachtung sind: • Wie stark bringen sich die einzelnen Kollegen ein? • Wie ist die Stimmung der verschiedenen Kollegen? • Wie interagieren die Kollegen miteinander? Wie ist die Stimmung im Team? • Welche Entwicklung der kommunikativen Fähigkeiten der Mitarbeiter fällt auf? • Wie stark scheinen die Kollegen an die eigenen Aufgaben, an das Team und an die Firma gebunden? • Welche Veränderungen fallen auf? Im Nachgang an das Teamtreffen reflektiert der Vorgesetzte seine Beobachtungen und überlegt, inwieweit er die Beobachtungen mit seinen Mitarbeitern besprechen möchte: • Möchte ich auf einzelne Mitarbeiter zugehen, um mich für gute Beiträge in der Teambesprechung, für einen guten Schulungspart oder anderes zu bedanken? • Möchte ich Mitarbeiter ansprechen, die ich als unzufrieden wahrgenommen habe? Was könnte sich dahinter verbergen? Wie könnte ich den Mitarbeiter darauf ansprechen? Welche Fragen könnte ich stellen?

Tabelle 6:   Fortsetzung

- Gibt es vielleicht Beobachtungen über mehrere Teambesprechungen hinweg, denen ich nachgehen möchte, z. B. ein Mitarbeiter bietet sich kaum für neue Aufgaben an, ein Mitarbeiter beteiligt sich kaum?

Mit den verschiedenen Teammitgliedern im Anschluss an das Teamtreffen im Gespräch zu sein, zeigt den Mitarbeitern Wertschätzung, der Vorgesetzte zeigt, dass er sich für seine Mitarbeiter interessiert.

Durchführung und Nachbereitung einer Teambesprechung

In der Regel zahlt sich gute Vorbereitung in Anlehnung an die oben zusammengestellten Themenbereiche aus. Haben sich alle Teammitglieder inklusive des Vorgesetzten entsprechend ihrer Rollen und der für sie relevanten Punkte vorbereitet, kann die Teambesprechung zielführend umgesetzt werden. Die *Partizipation* der Teammitglieder kann zusätzlich erhöht werden, wenn sich das Team zu Beginn einer (ausführlicheren) Teambesprechung 10 Minuten Zeit dafür nimmt, die gesammelten Agendapunkte gemeinsam zu priorisieren. Dadurch kann erfahrungsgemäß die Selbstverantwortung im Team für die Gestaltung der Teambesprechung deutlich gesteigert werden. Im Bedarfsfall kann und muss auf spontane Änderungen reagiert werden. Eine gute Vorbereitung erleichtert diese kurzfristigen Anpassungen, sodass Themen entsprechend verschoben oder neu priorisiert werden können.

Zur *Nachbereitung* einer Teambesprechung gehören die folgenden Punkte. Jedes Teammitglied ist aufgefordert,
- das eigene Verhalten während der Teambesprechung zu reflektieren und bei Bedarf daraus Konsequenzen abzuleiten,
- die in der Besprechung festgelegten Aufgaben umzusetzen,
- aufmerksam erneut relevante Themen für die folgende Teambesprechung zu sammeln (nach der Teambesprechung ist vor der nächsten Teambesprechung).

Der Vorgesetzte hat darüber hinaus noch weitere Aufgaben:
- Er liest das Protokoll Korrektur, gibt es frei und versendet es.
- Die von den Kollegen zu erledigenden Punkte nimmt auch er sich auf Termin, sodass er den Verlauf und die Ergebnisse nachverfolgen kann.
- Entsprechend seiner Beobachtungen in der Teambesprechung gibt er Feedback oder spricht einzelne Teammitglieder auf Auffälligkeiten an.

Teambesprechungen erscheinen zunächst einfach durchzuführen zu sein. Genau diese Einschätzung und eine dementsprechend fehlende sorgfältige Planung und Vorbereitung führen jedoch häufig zu unproduktiven Besprechungen, dem Gefühl der Zeitverschwendung und Frust. Wenn alle im Team mitziehen und ihren Beitrag in Vorbereitung, Umsetzung und Nachbereitung leisten, kann die Teambesprechung aber ein erfolgreiches Tool zum Erhalt oder zur Steigerung der Teamleistung und Bindung sein. In Abschnitt 5.2 stellen wir Struktur und Inhalte mehrerer Teambesprechungen aus der Unternehmenspraxis vor, die die Ausführungen in diesem Abschnitt ergänzen.

4.1.3 Gespräche zur Erwartungsklärung

Wie in Abschnitt 2.3 dargestellt, stellen enttäuschte Erwartungen ein eigenständiges Konzept in der Fluktuationsforschung dar (Porter & Steers, 1973). Hat eine Mitarbeiterin beispielsweise erwartet, dass sie auch im Homeoffice arbeiten kann, so erlebt sie die Ablehnung ihres Anliegens durch ihre Führungskraft möglicherweise als große Enttäuschung. Darüber hinaus können enttäuschte Erwartungen über längere Zeiträume hinweg zu einer sukzessiven Verschlechterung der Arbeitszufriedenheit führen: Ein Mitarbeiter wird beispielsweise in seiner Erwartung an hilfreiches Feedback durch seine Führungskraft immer wieder enttäuscht und erlebt in der Folge einen zunehmenden Rückgang seiner Arbeitszufriedenheit.

In den Abschnitten 2.1 und 2.2 sind wir auf die zentrale Rolle von Arbeitszufriedenheit (Currivan, 1999; Ferreira et al., 2017) und die Bedeutung von besonderen Ereignissen im Fluktuationsprozess (Lee & Mitchell, 1994) eingegangen. Auch Befunde zur Bedeutung realistischer Tätigkeitsinformationen (Earnest et al., 2011; Weitz, 1956) und zur Passung (Rubenstein et al., 2018) unterstreichen die Relevanz von Gesprächen zur Erwartungsklärung zur Vermeidung ungewollter Fluktuationen. Werden beispielsweise wichtige Erwartungen des Mitarbeiters an die Tätigkeit nicht erfüllt, trägt dies zu einer geringeren Passung bei. Ebenso führen unrealistische Angaben zu den Tätigkeiten im Einstellungsprozess mit hoher Wahrscheinlichkeit zu geringerer Arbeitszufriedenheit. Relevante Erwartungen kann es mit Blick auf die Merkmale der Arbeitsstelle und der Organisation, die sozialen Interaktionen bei der Arbeit, Führung und auch auf Wechselwirkungen mit anderen Lebensbereichen geben. Die Klärung von Erwartungen zielt damit auf nahezu alle Einflussbereiche von Fluktuation ab (siehe Abschnitt 2.1) und erscheint damit als besonders wichtiger Stellhebel zu deren Vermeidung.

Gespräche zur Erwartungsklärung als Führungsinstrument implementieren

Gespräche zur Erwartungsklärung können als Teil der Führungskräfteausbildung in Trainings behandelt und durch Gesprächsleitfäden aus der Personalentwicklung unterstützt werden. In diesem Abschnitt wollen wir Informationen zur Verfügung stellen, die als Ausgangspunkt für die Gestaltung von Gesprächsleitfäden und Trainingseinheiten dienen können.

Grundsätzliche Hinweise zur Erwartungsklärung

- Erwartungsklärung muss ein fester Bestandteil im Auswahl- sowie Einstellungsprozess und fortlaufend Gegenstand von Personalgesprächen sein, die regelmäßig (z. B. halbjährlich) durchgeführt werden.
- Führungskräften, die neu ein Team als Führungskraft übernehmen, empfehlen wir, mit jedem Mitarbeiter möglichst frühzeitig ein ausführliches Gespräch zur Erwartungsklärung zu führen, um von Anfang an eine gute Grundlage für die Zusammenarbeit zu schaffen.
- Erwartungen von Mitarbeitern können sehr unterschiedlich sein. Deshalb empfehlen wir, Erwartungen im persönlichen Gespräch zwischen Mitarbeiter und Führungskraft zu besprechen. Was einem Mitarbeiter wichtig ist, kann für einen anderen Mitarbeiter irrelevant sein.
- Berufseinsteiger auf ihrer ersten Arbeitsstelle haben womöglich noch vage Erwartungen. Deshalb empfehlen wir, bei dieser Personengruppe häufiger über Erwartungen zu sprechen (z. B. alle zwei bis drei Monate).
- Erwartungen verändern sich im Zeitverlauf. Führungskräfte sollten nicht davon ausgehen, dass ein bestimmter Mitarbeiter heute immer noch die gleichen Erwartungen beispielsweise an die Arbeitsbedingungen oder die Arbeitsinhalte hat wie vor drei Jahren. Deshalb sollte das Thema auch bei langjährigen Mitarbeitern erneut aufgegriffen werden.
- Wir empfehlen, den Mitarbeitern vorab einige Fragen zur Vorbereitung auf das Gespräch an die Hand zu geben und gut zu erläutern, welche Ziele mit dem Gespräch verfolgt werden und wie das Gespräch ablaufen wird. Womöglich ist die Situation für die Mitarbeiter ungewohnt, und es ist für die Mitarbeiter zunächst wichtig, sich einmal in Ruhe Gedanken zu ihren Anliegen zu machen.
- Genauso sollte auch die Führungskraft ihre eigenen Erwartungen an den Mitarbeiter und die Gestaltung der Zusammenarbeit ins Gespräch einbringen. Es geht nicht um eine Einbahnstraße, sondern einen Klärungsprozess in beide Richtungen.
- Wahrscheinlich können nicht alle Erwartungen eines Mitarbeiters erfüllt werden, und es müssen Kompromisse geschlossen und alternative Lösungen gefunden werden. Wenn Anliegen nicht berücksichtigt werden können, dann sollte dies durch die Führungskraft offen sowie klar formuliert und begründet werden.

Mögliche Themenfelder für Gespräche zur Erwartungsklärung

In Tabelle 7 geben wir einen Überblick über mögliche Themen, die in Gesprächen zur Erwartungsklärung aufgegriffen werden können. Wir haben dabei Themen aus allen relevanten Merkmalsbereichen der Fluktuationsgründe (siehe Abschnitt 2.1) ausgewählt. Die Themensammlung ist aber sicher nicht vollständig. Zur besseren Veranschaulichung haben wir jeweils ein Beispiel einer unerfüllten Erwartung kurz beschrieben. In den Beispielen greifen wir ganz unterschiedliche Anliegen fiktiver Mitarbeiter auf, die bei ihrer Arbeitsstelle aktuell nicht erfüllt werden. Es entstehen Frustrationserleben, Ärger und Enttäuschung. Die Beispiele sollen auch verdeutlichen, dass es im Arbeitskontext ganz vielfältige Erwartungen bei Beschäftigten geben kann. Diese liegen für Führungskräfte nicht immer auf der Hand, sondern benötigen ein hohes Maß an Aufmerksamkeit und Interesse, um sie in Gesprächen herausarbeiten zu können.

Tabelle 7:   Mögliche Themen zur Erwartungsklärung mit Beispielen enttäuschter Erwartungen

Thema	Beispiel
Merkmale der Arbeitsstelle	
Gesunde Arbeitsbedingungen	Ein Mitarbeiter erlebt eine so hohe Arbeitsdichte, dass er immer wieder seine Pausen ausfallen lässt, obwohl er das eigentlich nicht möchte. Am Nachmittag hat er häufig Kopfschmerzen und führt das auch auf die entfallenden Pausen zurück. Es ist ihm ein wichtiges Anliegen, einer Tätigkeit nachzugehen, bei der er tagsüber ohne schlechtes Gewissen Pausen einlegen kann.
Arbeitszeitmodell	Eine Mitarbeiterin erlebt sich in den Abendstunden zwischen 18:00 und 20:00 Uhr als besonders produktiv. Sie möchte gerne am Abend arbeiten. Leider ist die Arbeitszeit für alle Mitarbeiter auf ein Zeitfenster von 7:00 bis 18:00 Uhr beschränkt.
Arbeitsorte (inklusive Homeoffice/ mobiles Arbeiten)	Ein Mitarbeiter hat eine lange Fahrtstrecke von einer Stunde zum Unternehmen und würde gerne an drei Tagen in der Woche von zu Hause aus arbeiten, was im Unternehmen allerdings nicht vorgesehen ist. Von Jahr zu Jahr erlebt er die lange Fahrtstrecke als belastender.
Arbeitsaufgaben (Arbeitsinhalte & Merkmale wie Ganzheitlichkeit, Wichtigkeit, Vielfalt, Angemessenheit, Nachvollziehbarkeit, Feedbackmöglichkeiten)	Eine neue Mitarbeiterin im Controlling erlebt die ihr übertragenen Aufgaben als unwichtig und unangemessen mit Blick auf ihre Kompetenzen. Sie erstellt einfache Auswertungen, die auch ein Auszubildender im zweiten Lehrjahr erstellen könnte. Sie fühlt sich unterfordert. Zudem erlebt sie ihre Aufgaben als sehr monoton und hatte deutlich mehr Vielfalt bei ihren Aufgaben erwartet.
Ziele & Erfolgsindikatoren	Ein Mitarbeiter im Einkauf hält seine vorgegebenen Ziele zum Lagerumschlag und zur Preisreduktion für völlig unrealistisch. Seine Erwartung an erreichbare Ziele sieht er enttäuscht. Es ärgert ihn jeden Monat, wenn er ein Feedback zu seinen Kennzahlen bekommt.

Tabelle 7:   Fortsetzung

Thema	Beispiel
Rollenklarheit	Eine Mitarbeiterin im Vertrieb weiß bei der Bearbeitung ihrer Kundenprojekte nicht genau, um welche Aufgaben sie sich selbst kümmern muss und bei welchen Aufgaben sie auf andere Abteilungen zugehen kann. Es gibt dazu keine Leitlinien, von ihrer Führungskraft erhält sie nur sehr vage Aussagen.
Arbeitsmittel	Ein Mitarbeiter ärgert sich jeden Tag über seinen sehr kleinen Bildschirm, auf dem er große Tabellen nur sehr schlecht bearbeiten kann. Dass seine Führungskraft ihm keinen größeren Monitor zugesteht, ist für ihn vor allem ein Zeichen fehlender Wertschätzung.
Merkmale der Organisation	
Geschäftsmodell	Eine Mitarbeiterin nimmt wahr, dass an der Qualität der Produkte stark gespart wird und in der Folge auftretende berechtigte Reklamationen von Kunden systematisch abgewehrt und zeitlich verschleppt werden. Sie kann sich mit dieser Geschäftspraxis nicht identifizieren. Gegenüber den Kunden hat sie ein schlechtes Gewissen.
Partizipations-möglichkeiten	Ein Mitarbeiter hat konkrete Anregungen zur Verbesserung von Arbeitsprozessen etc. in seiner Abteilung, sieht allerdings kaum Möglichkeiten, seine Ideen einzubringen. Es gibt kein Vorschlagswesen und keine Teambesprechungen oder andere Abstimmungen, in denen er das Gefühl hätte, seine Anregungen einbringen zu können.
Informationstransparenz	Eine Mitarbeiterin fühlt sich schlecht über wichtige betriebswirtschaftliche Kennzahlen und Entscheidungen der Geschäftsleitung ihres Unternehmens informiert. Insgesamt vermisst sie Möglichkeiten, einfach und schnell Informationen im Unternehmen zu erhalten.
Kommunikations-prozesse	Für die übergreifende Zusammenarbeit zwischen Teams und Abteilungen gibt es keine geeigneten Kommunikationsplattformen, die die Zusammenarbeit erleichtern würden.
Fairness innerhalb der Organisation	Ein Mitarbeiter hat sich Hoffnungen auf eine Beförderung zum Teamleiter gemacht. Die angestrebte Stelle wird jedoch an eine Kollegin vergeben. Der nicht berücksichtigte Mitarbeiter kann diese Entscheidung nicht nachvollziehen und fühlt sich unfair behandelt. Auf Nachfrage erhält er nur sehr vage Informationen zu den Kriterien der Entscheidung.
Gesundheitsangebote	Eine Mitarbeiterin hört von ihren Freunden immer wieder, dass ihre Arbeitgeber vielfältige Gesundheitsangebote umsetzen (z.B. kostengünstige Sportkurse). Sie vermisst solche Angebote in ihrem Unternehmen und hat den Eindruck, dass ihr Arbeitgeber an dieser Stelle an den Aufwendungen für die Mitarbeiter sparen möchte.

Tabelle 7:   Fortsetzung

Thema	Beispiel
Betriebsklima	Ein Mitarbeiter erlebt bei seiner Arbeit eine negative Stimmung im Unternehmen, die geprägt ist von gegenseitigem Misstrauen zwischen Abteilungen und zur Geschäftsleitung. Er erlebt viele Neiddebatten, Schuldzuweisungen und politische Spiele innerhalb des Unternehmens.
Gehaltsniveau & Gehaltssystem	Eine Mitarbeiterin wird immer wieder von Headhuntern angeschrieben, die ihr für vergleichbare Positionen in der gleichen Region bei ähnlichen Arbeitsbedingungen ein deutlich höheres Gehalt anbieten. Zudem stört sie die Berechnungsgrundlage für ihr Gehalt, in die Erfolgsindikatoren einbezogen werden, deren Auswahl ihr willkürlich erscheint.
Incentives	Ein Mitarbeiter hört in seinem Freundeskreis immer wieder von Incentives anderer Unternehmen, die es bei ihm nicht gibt (z. B. Kindergartenzuschüsse, kostenfreie Getränke, Budget für Teamausflüge). Er gewinnt den Eindruck, dass seinem Arbeitgeber die Mitarbeiter nicht so wichtig sind.
Entwicklungs-möglichkeiten	Im Zuge von Umstrukturierungen wurden Hierarchieebenen abgebaut, Expertenstellen gestrichen und weitere Entwicklungsoptionen ausgesetzt. Eine Mitarbeiterin erlebt diese Veränderungen als Bedrohung für ihre Karrierepläne und hat kaum mehr Hoffnung, ihre berufliche Karriere im Unternehmen wie erhofft fortsetzen zu können.
Weiterbildungs-möglichkeiten	Auch wenn immer wieder durch Führungskräfte betont wird, wie wichtig Lernen ist, werden Weiterbildungsanliegen im Unternehmen oft nicht genehmigt. Wenn doch, gibt es kaum finanzielle Unterstützung, und es wird von der Geschäftsleitung erwartet, dass Weiterbildungen ausschließlich außerhalb der eigentlichen Arbeitszeit stattfinden.
Unternehmensethik & Corporate Social Responsibility	Ein Mitarbeiter hört davon, dass in seinem Unternehmen in der Produktion ausländische Kolleginnen und Kollegen zu schlechteren Konditionen arbeiten als deutsche Kollegen. Es wird erzählt, dass sie keinen Zugang zu Weiterbildungsmöglichkeiten erhalten und von Incentives ausgeschlossen werden. Der Mitarbeiter zweifelt an der Ethik der Geschäftsleitung.
Soziale Interaktionen bei der Arbeit	
Teamklima	Eine neue Mitarbeiterin stellt sehr schnell fest, dass die Kolleginnen und Kollegen in ihrem Team sehr distanziert miteinander umgehen. Es wird kaum über private Themen gesprochen, eine gemeinsame Mittagspause gibt es nicht. Zudem scheint die gegenseitige Hilfsbereitschaft nur gering ausgeprägt zu sein. Bei ihrer früheren Arbeitsstelle war der Zusammenhalt viel stärker ausgeprägt, was ihr sehr gefallen hat.

Tabelle 7:   Fortsetzung

Thema	Beispiel
Qualität und Quantität der Ratgeber- und Freundschaftsnetzwerke	Einem Mitarbeiter fällt es schwer, in seinem Unternehmen Ratgeber- und Freundschaftsnetzwerke aufzubauen, obwohl er das eigentlich gerne möchte. In der Folge bekommt er wenig fachliche Hilfestellung aus anderen Abteilungen und wenig soziale Unterstützung bei Problemen. Er fühlt sich häufig ziemlich einsam.
Zusammenarbeit mit anderen Teams/Abteilungen	Eine Mitarbeiterin erlebt die Zusammenarbeit mit anderen Abteilungen als sehr schwierig. Sie hat den Eindruck, dass es in der Zusammenarbeit weniger um den gemeinsamen Erfolg geht, sondern mehr um die Interessen der einzelnen Abteilungen. Sie erlebt das als sehr anstrengend und ist immer wieder von Kollegen enttäuscht.
Zusammenarbeit mit Kunden, Lieferanten und anderen Geschäfts- partnern	Ein Mitarbeiter erlebt in seiner täglichen Arbeit, dass er von Kunden oft hart angegangen wird. Er fühlt sich immer wieder persönlich angegriffen. Das ist sehr frustrierend und anstrengend für ihn. Er wünscht sich eigentlich eine partnerschaftliche Zusammenarbeit mit seinen Kunden.
Führung	
Hierarchische Struktur	Eine Mitarbeiterin hat in ihrem Unternehmen fünf Hierarchieebenen über sich. Da es zur Kultur des Unternehmens gehört, dass möglichst viele Themen über alle Ebenen hinweg abgestimmt werden, dauert es oft sehr lange, bis es zu Entscheidungen kommt. Dieses Prozedere verzögert ihre Arbeit deutlich und frustriert sie immer wieder.
Führungskultur	Im Unternehmensleitbild steht der Mensch im Mittelpunkt. In der täglichen Arbeit erlebt ein Mitarbeiter allerdings sehr wenig Interesse an seiner Arbeit und seiner Person durch seine Vorgesetzten. Er fühlt sich nicht wertgeschätzt.
Zusammenarbeit mit Führungskräften	Eine Mitarbeiterin erlebt in der Zusammenarbeit mit ihrer direkten Führungskraft immer wieder frustrierende Momente: Ihre Führungskraft kommt zu Abstimmungen deutlich zu spät, hat oft nur kurz Zeit, erteilt vage Arbeitsaufträge, gibt kein oder nur floskelhaftes Feedback. In der Folge erlebt die Mitarbeiterin die Zusammenarbeit als ineffizient und ineffektiv.
Vorbildwirkung der Führungskräfte	Eine Teamleiterin betont immer wieder, wie wichtig es sei, dass Mitarbeiter auf ihre Gesundheit achten und sich nicht krank zur Arbeit schleppen. Sie selbst bleibt bei Krankheit nur dann zu Hause, wenn es gar nicht anders geht und kommt ansonsten ins Büro – auch wenn es ihr erkennbar schlecht geht und Kollegen schon Sorgen geäußert haben, sich bei ihr anzustecken.
Empowerment	Ein Mitarbeiter möchte möglichst eigenverantwortlich arbeiten und möglichst viele Entscheidungen selbst treffen. Da seine Führungskraft in ihrer Abteilung möglichst alles allein entscheiden will, bleibt ihm für Eigenverantwortung wenig Spielraum.

Tabelle 7:   Fortsetzung

Thema	Beispiel
Wechselwirkungen mit anderen Lebensbereichen	
Vereinbarkeit von Beruf und Partnerschaft/ Familie	Im Unternehmen gibt es die implizite Regel, dass viele Überstunden ein Zeichen besonderer Leistung sind: Ein guter Mitarbeiter leistet viele Überstunden. Den Beschäftigungsgrad zu reduzieren, ist im Unternehmen nicht üblich. Eine Mitarbeiterin möchte sich gerne mehr um ihre Familie kümmern, die das auch einfordert. Sie kann Arbeit und Familie nur schlecht unter einen Hut bringen. In diesem Spannungsfeld erlebt die Mitarbeiterin viel Stress.
Vereinbarkeit von Beruf und Freundschaften	Ein Mitarbeiter möchte seine Freundschaften gerne intensiv pflegen. Deshalb möchte er sich gerne mit Freunden in der Mittagspause treffen. In seiner Abteilung gibt es allerdings die implizite Regel, dass alle ihre Mittagspause am Arbeitsplatz verbringen. Er hat das Gefühl, sein Anliegen in der aktuellen Abteilungskultur nicht umsetzen zu können.
Vereinbarkeit von Beruf und Ehrenamt	Eine Mitarbeiterin engagiert sich seit vielen Jahren kommunalpolitisch im Gemeinderat. Da arbeitsbedingt in letzter Zeit immer häufiger Abendtermine anfallen, die sich mit den Gemeinderatssitzungen überschneiden, erlebt die Mitarbeiterin immer mehr Schwierigkeiten, Beruf und Ehrenamt zu vereinbaren. Auf ihr Ehrenamt möchte die Mitarbeiterin jedoch keinesfalls verzichten.
Vereinbarkeit von Beruf und Freizeitaktivitäten	Ein Mitarbeiter ist begeisterter Läufer und geht in der Woche mehrmals zum Joggen. In den Wintermonaten würde er deshalb gerne mehrmals in der Woche früher mit seiner Arbeit beginnen, um am Abend noch bei Tageslicht joggen zu können. Diese Flexibilität in der Arbeitszeitgestaltung ist leider nicht möglich.

Tabelle 7 vermittelt einen Eindruck davon, was Mitarbeitern alles wichtig sein kann. Wenn wir annehmen, dass Mitarbeitern ihre eigenen Anliegen unterschiedlich stark bewusst sind und auch ihre Bereitschaft, diese von sich aus offen anzusprechen unterschiedlich stark ausgeprägt ist, so verdeutlicht dies die Relevanz von Gesprächen zur Erwartungsklärung. Es geht dabei im Wesentlichen um die Frage, wie Führungskräfte ihre Mitarbeiter dabei unterstützen können, sich Klarheit zu ihren Anliegen zu verschaffen und diese möglichst offen anzusprechen, um gemeinsam zu Klärungen kommen und gegebenenfalls Kompromisse aushandeln zu können.

Anregungen zu nützlichen Fragen

Nachfolgend haben wir einige Fragen zusammengestellt, die sich gut für Gespräche zur Erwartungsklärung eignen und als Grundlage für Gesprächsleitfäden und

Führungskräftetrainings (vgl. auch Felfe & Franke, 2014) dienen können. Die Fragen können gut als Einstiegsfragen genutzt werden und im Gespräch je nach Bedarf durch weitere, konkretisierende Fragen vertieft werden. Wir nehmen nachfolgend ebenfalls wieder an, dass Mitarbeiter und Führungskräfte sich duzen, wie dies in vielen Organisationen heute üblich ist.

Fragen für Gespräche zur Erwartungsklärung

- Welche Erwartungen hast du an mich als Führungskraft, an die Zusammenarbeit in unserem Team, an deine Aufgaben?
- Was benötigst du (noch), um möglichst gut arbeiten zu können?
- Wie sieht deine ideale Arbeitsstelle aus?
- Wie können wir unsere Zusammenarbeit (noch) verbessern?
- Wie bewertest du deine Arbeitszufriedenheit auf einer Skala von 1 bis 10? Was würde dir helfen, um noch eine Stufe zufriedener arbeiten zu können?
- Wie fühlst du dich bei uns im Team? Welche Veränderungen würdest du dir mit Blick auf unser Team wünschen?
- Wie zufrieden bist du mit deinem Aufgabenpaket?
- Wie gut kannst du Pausen einlegen und dich an die Arbeitszeit halten?
- Wie erlebst du deine Arbeitsdichte?
- Wie geht es dir gesundheitlich bei der Arbeit?
- Wie kommst du mit dem Anfahrtsweg zurecht? Wie mit unseren Regeln zu mobiler Arbeit?
- Wie gut kannst du deine Arbeit mit deiner Familie und anderen privaten Themen vereinbaren? Wo kollidieren private und berufliche Themen? Wie kannst du gut damit umgehen? Wie kann ich dich dabei unterstützen?
- Wie viel Freiraum erlebst du bei deiner Arbeit? Wünschst du dir da Veränderungen? Welcher Art?
- Welche Ziele sind dir bei deiner Arbeit wichtig? Wie kann ich dich bei der Arbeit an den Zielen unterstützen?
- Was möchtest du lernen? Wie willst du dich weiterentwickeln? Wie kann ich dich dabei unterstützen?
- Wie gestaltet sich für dich die Zusammenarbeit mit anderen Abteilungen und unseren Geschäftspartnern? Was können wir da verbessern?
- Welche deiner Anliegen sind dir besonders wichtig? Was sollten wir in jedem Fall angehen? Was ist dir weniger wichtig?

Gespräche zur Erwartungsklärung beinhalten neben dem Sammeln und Priorisieren von Anliegen auch deren Klärung: (1) Was kann tatsächlich verändert werden? (2) Was nicht und aus welchen Gründen? (3) Was kann heute nicht verändert werden, aber womöglich zu einem späteren Zeitpunkt? (4) Zu welchen Themen möchte sich die Führungskraft erst noch Gedanken machen, Informationen einholen, andere Verantwortliche involvieren, um dann zu einer Klärung kommen zu können? Es ist wichtig, dass Führungskräfte ehrlich offenlegen, was möglich ist und was nicht.

In gleicher Weise ist es wichtig, dass Führungskräfte in Gespräche zur Erwartungsklärung auch ihre eigenen Anliegen mit einbringen. Es sollte also auch um die Erwartungen der Führungskraft an den Mitarbeiter gehen, was eine gute Vorbereitung durch die Führungskraft voraussetzt.

Fragen zur Selbstreflexion als Führungskraft über Erwartungen an den Mitarbeiter

- Welche Erwartungen habe ich als Führungskraft an meinen Mitarbeiter (z. B. übertragene Aufgaben erledigen, ohne dass ich als Führungskraft daran erinnere; bei Problemen, die die Zielerreichung gefährden, frühzeitig auf mich zukommen; eigene Ideen einbringen; Entscheidungen möglichst eigenverantwortlich treffen)?
- Welche Erwartungen haben höhere Führungsebenen/die Geschäftsleitung?
- Welche impliziten und expliziten Regeln gibt es bei uns im Team und im Unternehmen (z. B. Teambesprechungen beginnen pünktlich; innerhalb der Abteilung werden alle mit „du" angesprochen)?
- Was ist mir in der Zusammenarbeit wichtig (z. B. wöchentliche Abstimmungen mit einer Dauer von 30 Minuten, in denen der aktuelle Stand zu wichtigen Aufgaben besprochen wird; offenes Feedback in beide Richtungen)?
- Welche Verbesserungen wünsche ich mir? Weshalb?

Gesprächsergebnisse festhalten und weiterverfolgen

Am Ende des Gesprächs sollten konkrete Vereinbarungen stehen, die beinhalten, was genau in welcher Weise und mit welcher Zeitschiene umgesetzt oder ein fester Bestandteil des „psychologischen Vertrags" (siehe Abschnitt 2.3) bei Gesprächen im Auswahl- und Einstellungsprozess wird. Zudem empfehlen wir bei solchen Gesprächen ein schriftliches Ergebnisprotokoll zu erstellen und die Umsetzung und Wirkung der vereinbarten Punkte in einem Folgetermin zu reflektieren. Mögliche Folgegespräche können auch Nachjustierungen und Veränderungen in der Priorisierung beinhalten. Erwartungsklärung gestaltet sich damit als ein Prozess, in dem regelmäßige Mitarbeitergespräche eine wichtige Wegmarke sein können, um an den relevanten Themen zu arbeiten.

In Abschnitt 5.3 stellen wir ein Mitarbeitergespräch aus der Unternehmenspraxis vor, in dem Aspekte der Erwartungsklärung und der beruflichen Weiterentwicklung eine wichtige Rolle spielen.

4.1.4 Mitarbeiterbefragung

In Abschnitt 2.1 haben wir Partizipationsmöglichkeiten als relevanten Einflussfaktor auf Fluktuation herausgearbeitet (Rubenstein et al., 2018). Mitarbeiterbefragungen sind ein weit verbreitetes Instrument der Organisationsdiagnose (Felfe, 2019), bei dem Partizipation eine zentrale Rolle spielt. Die Beschäftigten können über die Mitarbeiterbefragung ihre Meinung einbringen und Anliegen artikulieren. Wenn die Geschäftsleitung und die direkten Führungskräfte sich aufrichtig für die Rückmeldungen aus der Mitarbeiterbefragung interessieren, die Beschäftigten umfassend über die Ergebnisse informieren und gemeinsam mit ihnen an Verbesserungen arbeiten, so kann die Mitarbeiterbefragung zu einem starken Partizipationsinstrument ausgestaltet werden. Die Mitarbeiterbefragung dient dann der Initiierung und Evaluation von Verbesserungen (z.B. bei den Arbeitsbedingungen).

Wir sehen Mitarbeiterbefragungen jedoch nicht nur aufgrund ihrer Partizipationsfunktion als ein wichtiges Instrument zur Vermeidung von Fluktuation. Wenn in einer Mitarbeiterbefragung relevante Einflussfaktoren auf Fluktuation abgebildet werden (vgl. Abschnitt 2.1), dann können direkt auf die konkreten Ergebnisse bezogen Interventionen abgeleitet werden. So können Merkmale wie Arbeitszufriedenheit, Commitment, Eingebundenheit und Fluktuationsabsichten über eine Mitarbeiterbefragung erfasst werden. Die Ergebnisse können dann Hinweise liefern, wie hoch die Fluktuationsgefahr bezogen auf die gesamte Organisation und in bestimmten Bereichen ist. Vor allem Veränderungen im Zeitverlauf können dabei Interventionsbedarf anzeigen. So wird die Mitarbeiterbefragung zu einem zentralen Analysetool und präventiven Instrument des Fluktuationsmanagements, weil sehr direkt an den relevanten Einflussfaktoren angesetzt werden kann. Außerdem können die Ergebnisse auch mit anderen Daten (z.B. aus Austrittsgesprächen) abgeglichen werden, um auf Grundlage einer möglichst vielfältigen Datenbasis (siehe die Erläuterungen zur multimodalen Ursachenanalyse in Abschnitt 3.1) an den relevanten Themen arbeiten zu können.

Neben der Partizipationsfunktion und der Möglichkeit, wichtige Einflussfaktoren zu analysieren, können die Ergebnisse einer Mitarbeiterbefragung auch in Kommunikationsprozesse münden und damit eine Informationsfunktion erfüllen. Wenn beispielsweise Führungskräfte zukünftig Entscheidungen der Geschäftsleitung besser erklären, weil in der Mitarbeiterbefragung Unverständnis bezüglich bestimmter Entscheidungen deutlich wurde, so wird die Mitarbeiterbefragung zum Auslöser zielgerichteter interner Unternehmenskommunikation. Wie bereits im Abschnitt 4.1.2 im Kontext von Teambesprechungen aufgezeigt wurde, sind gute Kommunikationsprozesse ebenfalls ein relevanter Einflussfaktor auf Fluktuation (Rubenstein et al., 2018).

Basierend auf diesen forschungsgestützten Überlegungen erscheinen uns Mitarbeiterbefragungen als wichtiges Instrument, um über verschiedene Mechanismen Fluktuation zu beeinflussen. Ein zielführendes Vorgehen beinhaltet, dass Mitarbeiterbefragungen nicht als punktuelles Ereignis gesehen werden, sondern als Prozess, in dem die Erhebung der Daten nur ein Baustein ist. Dieser Prozess muss professionell gestaltet werden, da schlecht umgesetzte Mitarbeiterbefragungen eher ein höheres Fluktuationsrisiko erwarten lassen, wenn beispielsweise Mitarbeiter feststellen, dass sich nach einer Mitarbeiterbefragung nichts verändert hat und dann mit Enttäuschung reagieren. Das bedeutet, dass die Geschäftsleitung nur dann Mitarbeiterbefragungen durchführen sollte, wenn gleichzeitig die Bereitschaft besteht, auf der Basis der Ergebnisse an Verbesserungen zu arbeiten.

Detaillierte Hinweise zur Umsetzung von Mitarbeiterbefragungen finden sich bei Müller, Kempen und Straatmann (2021). Wir gehen an dieser Stelle nur überblicksartig auf wichtige Aspekte ein und stellen dabei insbesondere dar, was bei der Implementierung von Mitarbeiterbefragungen mit Blick auf Fluktuationsmanagement wichtig ist.

Mitarbeiterbefragungen professionell implementieren

Nachfolgend skizzieren wir einen prototypischen Implementierungsprozess für eine Mitarbeiterbefragung. Dabei fokussieren wir besonders auf Aspekte, die die Partizipations- und Informationsfunktion der Mitarbeiterbefragung stärken, sowie auf die Verbesserung von Arbeitsmerkmalen, die für die Vermeidung ungewollter Fluktuationen relevant sind, abzielen. Wir benennen die einzelnen Schritte und verknüpfen diese mit wichtigen Fragen, die jeweils zu klären sind.

Ganz grundsätzlich ist zunächst abzuwägen, ob die notwendigen Kompetenzen und zeitlichen Ressourcen zur Gestaltung und Durchführung einer Mitarbeiterbefragung in einer Organisation vorhanden sind (z. B. für die Fragebogenkonstruktion und Datenauswertung, die Unterstützung der Führungskräfte), oder ob externe Expertise benötigt wird. Wir empfehlen, einen externen Partner hinzuzuziehen, allerdings nicht nur wegen des notwendigen Knowhows. Mit Blick auf die Anonymität der Datenerhebung und Datenauswertung kann es von Vorteil sein, wenn die Erhebung und Auswertung der Daten nicht von Mitarbeitern der Organisation (z. B. der Personalabteilung) vorgenommen werden. Die Wahrscheinlichkeit ehrlicher Antworten sollte steigen, je verlässlicher die Befragten davon ausgehen können, dass ihre Antworten so behandelt werden, dass keine Zuordnung von Befragungsdaten zu einzelnen Mitarbeitern möglich ist.

Prototypischer Implementierungsprozess einer Mitarbeiterbefragung

1. Klärung grundlegender Fragen zur Gestaltung des Mitarbeiterbefragungsprozesses

- Welche Einheit im Unternehmen steuert die Durchführung der Mitarbeiterbefragung (inklusive Klärung erforderlicher Kompetenzen und Ressourcen sowie der Zusammenarbeit mit einem externen Partner)?
- Welche Einheiten kümmern sich um die verschiedenen Aufgaben? Vor allem: Fragebogenkonstruktion, Organisation und administrative Abwicklung des ganzen Prozesses, Kommunikation zur Mitarbeiterbefragung, Datenerhebung, Datenauswertung, Bereitstellung der Ergebnisse, Kommunikation der Ergebnisse, Ableitung von Maßnahmen, Unterstützung der Führungskräfte und Teams, Nachverfolgung der Umsetzung der Maßnahmen
- Welche Rolle spielen Geschäftsleitung und Mitarbeitervertretung im Prozess (z. B. Bewerbung der Mitarbeiterbefragung, Analyse der Ergebnisse und Entwicklung von Verbesserungspunkten)? Wie können Geschäftsleitung und Mitarbeitervertretung stark eingebunden werden und dabei gut zusammenwirken?
- Wie sieht der Kommunikationsplan mit Ankündigung der Befragung, Ergebnisrückmeldung, Information zu abgeleiteten Maßnahmen sowie zur Umsetzung der Maßnahmen aus? Wer kommuniziert zu welchem Zeitpunkt, über welche Kanäle, welche Inhalte an welche Zielgruppen?
- Wie ist der zeitliche Ablauf (z. B. Befragungszeitraum, Zeitraum für die Ableitung von Maßnahmen, für deren Umsetzung und Evaluation)?
- Wie oft soll die Befragung durchgeführt werden (z. B. jährlich)?

2. Fragebogenkonstruktion

- Welche Inhalte sollen aufgegriffen werden (z. B. Führung, Merkmale der Arbeitsstelle und der Organisation)? Werden Merkmale berücksichtigt, die forschungsbasiert für Fluktuation besonders relevant sind? Werden Merkmale berücksichtigt, die beispielsweise mit Blick auf die Austrittsgespräche besonders relevant erscheinen (z. B., wenn fehlende Entwicklungsmöglichkeiten in Austrittsgesprächen häufig als Fluktuationsgrund genannt werden)?
- Welche Fragenformate (z. B. Items mit Skalierung, offene Items) sollen genutzt werden?
- Ist der Fragebogenumfang praktikabel und lässt somit eine hohe Teilnahmequote erwarten (z. B. Bearbeitung innerhalb von 15 Minuten möglich)?
- Wie soll die Datenerhebung durchgeführt werden (z. B. als Online-Befragung)?

3. Information und Training der Führungskräfte

- Welche Informationen und Hilfestellungen bekommen die Führungskräfte in Form von Leitfäden und Informationsschreiben (z. B. zur Motivation der Teammitglieder, an der Mitarbeiterbefragung teilzunehmen, zur Interpretation und Präsentation der Ergebnisse, zur Ableitung von Maßnahmen)?

- Welche Trainingsangebote werden realisiert (z. B. zur Vorstellung der Ergebnisse, zur Klärung offener Punkte, zur Ableitung von Maßnahmen, zur Umsetzung von Maßnahmen und deren Evaluation)?

4. Ankündigung der Mitarbeiterbefragung

- Welche Informationen bekommen die Mitarbeiter (z. B. zu den Zielen der Mitarbeiterbefragung, zum Ablauf, zur Anonymität der Datenerhebung, zur Ergebniskommunikation, zur Ableitung von Maßnahmen)?
- Über welche Kanäle wird informiert (z. B. im Rahmen einer Betriebsversammlung)?
- An wen können sich die Mitarbeiter bei Fragen wenden?

5. Durchführung der Befragung

- Wie bekommen die Mitarbeiter die Befragung? Wie wird sie abgegeben?
- Werden die Mitarbeiter während des Befragungszeitraums z. B. per E-Mail an die Teilnahme erinnert?
- Besteht die Möglichkeit, die Befragung am Arbeitsplatz und während der Arbeitszeit durchzuführen?
- Werben die direkten Führungskräfte und ebenso höhere Führungskräfte für eine Teilnahme an der Befragung und signalisieren sie Interesse an den Ergebnissen?
- Kommunizieren die direkten Führungskräfte, dass sie selbst an der Befragung teilnehmen?

6. Erstellung der Ergebnisberichte

- Wie zeitnah nach Abschluss der Befragung stehen die Ergebnisberichte zur Verfügung?
- Für welche Ebenen werden Ergebnisberichte erstellt (z. B. auf Team-, Abteilungs- und Organisationsebene)?
- Wie anschaulich sind die Ergebnisberichte?
- Wie erfolgt die Verteilung der Ergebnisberichte und an wen?

7. Analyse der Ergebnisse und Ableitung von Maßnahmen

- Wie wird sichergestellt, dass auf allen Ebenen die Ergebnisse analysiert und Schlussfolgerungen abgeleitet werden (z. B. die direkten Führungskräfte für ihr Team, die Organisationsentwicklung und Geschäftsleitung auf Ebene der Organisation)?
- Welche Formate gibt es für die Analyse der Ergebnisse (z. B. Gremiensitzungen)? Wie ist der Ablauf und die methodische Gestaltung, um zu konkreten und potenziell wirksamen Maßnahmen zu kommen?
- Wie wird der Austausch zu den Ergebnissen über die Hierarchieebenen hinweg organisiert (z. B. Abteilungsleiter besprechen die Ergebnisse mit ihren Teamleitern)?

- Wie werden die Mitarbeiter in die Analyse und die Ableitung von Maßnahmen involviert? Dies kann beispielsweise durch die Möglichkeit, in einer Teambesprechung Fragen stellen zu können und Anregungen zu geben, oder durch die gemeinsame Entwicklung von Maßnahmen zwischen Führungskraft und Team geschehen. Auch in Personalgesprächen können die Mitarbeiter dazu ermuntert werden, Vorschläge einzubringen. Weitere Möglichkeiten sind eine starke Beteiligung der Mitarbeitervertretung oder die Durchführung bereichsübergreifender Workshops.

8. Rückmeldung zu Ergebnissen und Maßnahmen

- Wie wird sichergestellt, dass alle Mitarbeiter über die Gesamtergebnisse der Organisation und über spezifische Abteilungs- und Teamergebnisse informiert werden (z. B. Versenden der Ergebnisse durch die direkten Führungskräfte, Veröffentlichung der Ergebnisse auf Organisationsebene im Intranet/ im Mitarbeitermagazin)?
- Wie wird sichergestellt, dass alle Mitarbeiter über die auf den verschiedenen Ebenen abgeleiteten Maßnahmen informiert werden (z. B. im Rahmen einer Teambesprechung, über eine Betriebsversammlung, über das Intranet)?

9. Nachverfolgung der Umsetzung der Maßnahmen und deren Evaluation

- Über welche Einheiten oder Gremien werden Maßnahmen auf Organisationsebene nachverfolgt, evaluiert und gegebenenfalls angepasst? Wie ist die Mitarbeitervertretung in diesen Prozess eingebunden?
- Wie werden Maßnahmen auf der Ebene einzelner Teams nachverfolgt, evaluiert und gegebenenfalls angepasst (z. B. durch die Verankerung in Teambesprechungen)?
- Welche Unterstützungsangebote gibt es für Führungskräfte und Teams (z. B. Mediation, Teamentwicklung, Coaching)?

Der skizzierte Ablauf zeigt, dass bei der Implementierung einer Mitarbeiterbefragung eine ganze Reihe von Fragen zu klären sind. Der personelle und finanzielle Aufwand sollte nicht unterschätzt werden. Mitarbeiterbefragungen können nicht einfach nebenbei implementiert werden. Professionell gestaltet, stellen sie aber ein wichtiges Instrument der Organisationsentwicklung dar (Felfe, 2019).

Aspekte von Mitarbeiterbefragungen, die für Fluktuationsvermeidung besonders relevant sind

Um einen Effekt von Mitarbeiterbefragungen auf ungewollte Fluktuation erwarten zu können, ist eine systematische und professionelle Ausgestaltung des gesamten Prozesses entscheidend. Werden Mitarbeiter über die Ergebnisse unzureichend informiert, werden keine Maßnahmen abgeleitet oder sind die Partizipationsmöglichkeiten im Prozess gering, dann ist zu erwarten, dass Mitarbeiterbefragungen nicht den erwarteten Beitrag zur Fluktuationsvermeidung leisten können. Entscheidend erscheint uns die Frage, ob es basierend auf den Ergebnissen von Mitarbeiterbefragungen gelingt, Verbesserungen zu initiieren, die auf wesentliche Einflussfaktoren von Fluktuation abzielen, zum Beispiel auf relevante Merkmale der Organisation (vgl. Abschnitt 2.1).

Auf Teamebene ist natürlich zunächst die Einbindung aller Teammitglieder in die Diskussion der Ergebnisse wesentlich. Und auch auf Ebene der gesamten Organisation sollten *Partizipationsmöglichkeiten* geschaffen werden, die über die Beteiligung der gewählten Mitarbeitervertretung hinausgehen. Dies kann beispielsweise durch Workshops zur Ableitung von Verbesserungen aus der Mitarbeiterbefragung geschehen, an denen sich Mitarbeiter freiwillig beteiligen können. Möglich sind Workshops mit einer sehr offenen (z. B. Was leiten wir aus der Mitarbeiterbefragung auf Unternehmensebene/für die Abteilung Einkauf ab?) oder spezifischen Fragestellung (z. B. Wie vermeiden wir Doppelarbeit in unserer Organisation? Wie verbessern wir unser Schichtmodell? Wie verbessern wir die Arbeitsplatzergonomie im Produktionsbereich C?).

Entscheidend ist vor allem auch, wie die *Führungskräfte* mit den Ergebnissen der Befragung umgehen. Wenn sich beispielsweise Führungskräfte durch die Ergebnisse angegriffen fühlen und in der Folge mit Unverständnis oder gar abwertendem Verhalten gegenüber den Mitarbeitern reagieren, dann kann eine Mitarbeiterbefragung auch zu einem kritischen Erlebnis für Mitarbeiter werden, und eine negative Spirale kommt in Gang. Nehmen wir beispielsweise an, dass die Mitarbeiter im Zuge der Umfrage kritische Punkte offen ansprechen, weil sie sich konkrete Verbesserungen erhoffen. Die Führungskräfte hingegen fühlen sich durch das Feedback angegriffen und werten ihre Mitarbeiter ab (z. B. Vorschläge lächerlich machen, nicht darauf reagieren). Dies wiederum löst bei den Mitarbeitern Enttäuschung und Wut aus. In einem solchen Szenario richtet die Mitarbeiterbefragung erheblichen Schaden an.

Wenn Mitarbeiterbefragungen in der Folge kritisches *Führungsverhalten* verstärken, neues kritisches Führungsverhalten induzieren und so zu einer Verschlechterung der Beziehungen zwischen Führungskraft und Mitarbeitern beitragen, dann werden wichtige Einflussfaktoren für Fluktuation negativ beeinflusst. Vor diesem Hintergrund erscheint es uns sehr wichtig, dass die Verantwortlichen in einer Organisation schon im Vorfeld der Durchführung einer Mitarbeiterbefragung gut überlegen, wie Mitarbeiter im Mitarbeiterbefragungsprozess gut informiert und beteiligt werden können, und sicherstellen, dass die Mitarbeiterbefragung auf die Ableitung konkreter und relevanter Maßnahmen abzielt.

Als ebenso wichtig erscheint es uns, die Führungskräfte im Umgang mit der Mitarbeiterbefragung zu unterstützen, beispielsweise durch Trainingsangebote der Personalentwicklung. Der Umgang mit kritischem Feedback ist für Führungskräfte selbstverständlich nicht nur im Kontext von Mitarbeiterbefragungen, sondern generell bedeutsam. Da eine Mitarbeiterbefragung Differenzen im Selbst-

und Fremdbild einer Führungskraft transparent machen und dies den Selbstwert von Führungskräften bedrohen kann, können sich Führungskräfte durch kritisches Feedback angegriffen fühlen. Es ist deshalb wichtig, dass es für Führungskräfte Unterstützungsmöglichkeiten, zum Beispiel Coachingangebote gibt, um Mitarbeiterbefragungen als Lernchance nutzbar zu machen. So können Mitarbeiterbefragungen gleichzeitig auch zu einem Instrument der Führungskräfteentwicklung werden.

Anregungen zur Stärkung der Partizipation bei Mitarbeiterbefragungen

Nachfolgend möchten wir für Führungskräfte noch einige Anregungen geben, die dazu beitragen, die Partizipationsfunktion der Mitarbeiterbefragung zu stärken. Auch diese Punkte können in Leitfäden und Trainings Berücksichtigung finden.

Mitarbeiterbefragungen können ein guter Auftakt für klärende Gespräche zwischen Führungskraft und Mitarbeitern sein. Wenn beispielsweise eine Führungskraft das Feedback bekommt, dass die Mitarbeiter mit den Arbeitsmitteln unzufrieden sind, dann muss weiter konkretisiert werden: Welche Arbeitsmittel fehlen oder funktionieren nicht gut? Welche Arbeitsmittel würden die Arbeit spürbar erleichtern? Was hat aus Sicht der Mitarbeiter bei den Arbeitsmitteln Priorität?

Es geht also darum, die *Mitarbeiterbefragung als einen Ausgangspunkt* zu nutzen, nicht als Endpunkt. Die folgenden Fragen lassen sich für viele Themen, zu denen in der Mitarbeiterbefragung ein Feedback gegeben wurde, anwenden, damit Ergebnisse aus Mitarbeiterbefragungen im konkreten Arbeitsalltag nutzbar gemacht werden können:
- Was ist mit dem Feedback konkret gemeint?
- Welche Beispiele gibt es dazu?
- Wann war dieser Aspekt schon mal besser?
- Was war damals anders als heute?
- Was könnten wir tun, um uns als Team auf der Skala um eine Stufe zu verbessern?
- Welche Ideen habt ihr, damit wir diesen Aspekt verbessern können?
- Welche Maßnahme würde die Situation spürbar verbessern?

Auch bei der Ableitung von Maßnahmen ist Partizipation möglich:
- Wie gehen wir das jetzt konkret an?
- Was ist aus eurer Sicht bei der Umsetzung zu bedenken?
- Wer im Team kann welchen Beitrag leisten, um die Situation zu verbessern?
- Wann reflektieren wir gemeinsam die Umsetzung der Maßnahmen?

Wünschen sich die Mitarbeiter mit Blick auf die Arbeitsmittel beispielsweise größere Bildschirme, um ihre umfangreichen Exceltabellen besser bearbeiten zu können, so wäre ein Ansatzpunkt, dass das Team gemeinsam mit der Führungskraft den konkreten Bedarf und überzeugende Argumente für die Geschäftsleitung herausarbeitet und die Führungskraft anschließend klärt, ob und mit welcher zeitlichen Perspektive an den Arbeitsplätzen der Teammitglieder größere Bildschirme installiert werden können.

In Abschnitt 5.4 stellen wir eine Mitarbeiterbefragung aus der Unternehmenspraxis vor, bei der wir vor allem den Umgang mit den Ergebnissen im Team für sehr vielversprechend halten.

4.1.5   Entwicklungswege gestalten und nutzen

Attraktive Entwicklungsmöglichkeiten sind für sich genommen einer der wichtigsten Einflussfaktoren auf Fluktuation (Rubenstein et al., 2018). In Abschnitt 2.1 haben wir die große Relevanz der Zufriedenheit mit der eigenen beruflichen Karriere und den angebotenen Entwicklungsmöglichkeiten einer Organisation dargestellt.

Darüber hinaus erscheinen uns attraktive Entwicklungsmöglichkeiten für eine Reihe weiterer Einflussfaktoren relevant zu sein. Karriereschritte können eine wichtige Form der Anerkennung für Mitarbeiter sein. Auch die Übertragung als wichtig erlebter Aufgaben, die Erhöhung der Aufgabenvielfalt und das Einräumen eines größeren Entscheidungsspielraums sind häufig Teil von Entwicklungsschritten und mit geringerer Fluktuation assoziiert. Im besten Fall kann sich durch Entwicklungsschritte die Passung zu den ausgeübten Tätigkeiten erhöhen und infolgedessen die Verbundenheit mit dem eigenen Beruf und der eigenen Karriere gefördert werden, was wiederum für die Vermeidung ungewollter Fluktuation relevant ist. Entwicklungsschritte können auch den Aufbau neuer Coping-Strategien beinhalten (z. B. durch Trainingsangebote) und so dazu beitragen, dass ein Mitarbeiter den beruflichen Anforderungen noch besser gewachsen ist. Zudem können Entwicklungsschritte mit einem höheren Gehalt einhergehen. Es sind also mehrere der in Abschnitt 2.1 dargestellten Einflussfaktoren auf Fluktuation betroffen, die durch die Gestaltung und Nutzung von Entwicklungswegen positiv beeinflusst werden können (vgl. Rubenstein et al., 2018).

Gestaltung vielfältiger Entwicklungswege in Organisationen

Tabelle 8 gibt einen Überblick über zehn verschiedene Arten von Entwicklungsschritten. Bewusst verzichten wir dabei auf Ausführungen zur Führungslaufbahn als offenkundigem Entwicklungsweg und wollen stattdessen den Blick auf andere Entwicklungsansätze lenken.

Tabelle 8:   Eine Auswahl an Entwicklungsschritten im Überblick

Entwicklungs-schritte	Anmerkungen	Beispiele
Neue Aufgaben	Neue Aufgaben können eine Lern-gelegenheit sein und Kompetenz-erweiterung ermöglichen. Die Passung zu den ausgeübten Tätig-keiten und mögliche Verände-rungen sollten zwischen Führungs-kraft und Mitarbeiter regelmäßig reflektiert werden, beispielsweise in einem halbjährlichen Personal-gespräch.	Ein Mitarbeiter der Personal-entwicklung beschäftigt sich neben klassischen Präsenz-trainings mit der Einführung von E-Learnings und erlebt das als attraktive Abwechslung zur Konzeption und Umsetzung von Präsenztrainings. Ein Mitarbeiter im Einkauf mit Interesse an und Talent in der Moderation von Besprechungen bekommt von seiner Führungs-kraft die Moderation der Team-besprechungen als Aufgabe übertragen. Er erlebt das als starkes Zeichen der Anerken-nung.
Wechsel innerhalb der Organisation	Wechsel können horizontal und vertikal stattfinden und mit passenden Weiterbildungen ver-zahnt werden. Wechsel können vielfältige, neue Herausforderun-gen bieten sowie die Passung und Zufriedenheit mit dem eigenen beruflichen Karriereweg erhöhen.	Eine Mitarbeiterin der Finanz-abteilung absolviert berufs-begleitend ein Informatik-studium und wechselt im Laufe ihres Studiums in die IT-Abteilung, um dort auf der Basis ihres Studiums und intensiver Einarbeitung zukünftig als Software-Entwicklerin für Finanz-prozesse arbeiten zu können. Eine Mitarbeiterin aus dem Vertriebsinnendienst wechselt in den Außendienst. Dabei profitiert sie vom bisher Gelernten und kann ihre Vertriebskompetenzen erweitern.
Auslands-einsätze	Mitarbeiter lernen eine andere Unternehmenseinheit mit möglicherweise anderen Arbeits-weisen kennen. Sie verbessern ihre Sprachkompetenz. Im besten Fall wachsen sie an ungewohnten Situationen im neuen kulturellen Kontext.	Ein Mitarbeiter der IT hilft immer wieder bei der Implementierung neuer Software in verschiedenen Auslandsgesellschaften. Ein Mitarbeiter im Bereich Forschung und Entwicklung hilft für 12 Monate beim Aufbau eines neuen Forschungs-zentrums in einer Auslands-gesellschaft mit.

Tabelle 8: Fortsetzung

Entwicklungs-schritte	Anmerkungen	Beispiele
Projektleitung/ Mitarbeit in Projekten	Projektleitung kann eine zeitlich begrenzte Rolle sein oder eine kontinuierliche Funktion mit dem Einsatz in wechselnden Projekten. Es ist möglich, hierzu eine Laufbahn mit Karriereschritten anzulegen (z. B. vom Projektleiter zum Senior-Projektleiter). Die Funktion des Projektleiters kann sehr gut mit Weiterbildungsangeboten verzahnt werden, die auch Voraussetzung für den Entwicklungsschritt zum Projektleiter sein können. Auch die Mitwirkung bei Projekten als Projektmitarbeiter kann ein wichtiger beruflicher Entwicklungsschritt sein.	Eine Mitarbeiterin im Vertriebsinnendienst übernimmt die Projektleitung für die Einführung eines neuen CRM-Systems. Dies macht in einem Zeitraum von 18 Monaten 50 % ihrer täglichen Arbeit aus. Eine Mitarbeiterin der Technik koordiniert in ihrer Abteilung immer wieder Digitalisierungsprojekte. Ein Mitarbeiter in der Produktion bringt sich in ein Projektteam mit ein, das sich um die Neugestaltung einer Produktionsanlage kümmert.
Key User	Ein Mitarbeiter ist Hauptansprechpartner für ein bestimmtes Thema in seinem Team/seiner Abteilung. Die Rolle kann mit Schulungsangeboten, vertieften fachlichen Informationen und Austauschmöglichkeiten mit anderen Key Usern ausgestaltet werden.	Ein Mitarbeiter im Vertriebsinnendienst entwickelt sich zum Technik Key User und wird damit erster Ansprechpartner für technische Produktfragen innerhalb seines Teams.
Ausbilder	Ein Mitarbeiter begleitet einen oder mehrere Auszubildende in seinem Team. Die Funktion kann an die Ausbildereignungsprüfung als Voraussetzung gekoppelt werden und mit kontinuierlichen Weiterbildungsangeboten sowie Austauschmöglichkeiten mit anderen Ausbildern verzahnt werden. Auch die Ausbilderfunktion kann als Karriereweg angelegt werden (z. B. vom Ausbilder zum Senior-Ausbilder). So könnte ein Senior-Ausbilder beispielsweise in Trainingsangebote für neue Ausbilder eingebunden werden oder für diese als Mentor fungieren.	Eine Mitarbeiterin in der Fertigung trainiert privat eine Fußballmannschaft und hat insgesamt großes Interesse daran, andere Menschen in ihrer Entwicklung zu begleiten. In der Ausbilderfunktion kann sie ihre Interessen und vorhandene Kompetenzen gut einbringen und weiterentwickeln.

Tabelle 8:   Fortsetzung

Entwicklungs-schritte	Anmerkungen	Beispiele
Mentor/ Einarbeitungs-pate/Buddy	Ein erfahrener Kollege mit längerer Betriebszugehörigkeit fungiert als Mentor für einen neueren Kollegen, zum Beispiel im Rahmen der Einarbeitung oder begleitend zur Übernahme einer Experten-funktion oder anderer Funktionen.	Ein angehender Experte in der Fachlaufbahn bekommt als Mentor einen Senior-Experten an die Seite gestellt, um im Austausch mit dem erfahrenen Kollegen besser in seine neue Funktion hineinwachsen zu können.
Interner Auditor	Der interne Auditor ist eine Funk-tion, die der Reflexion, Bewertung und Optimierung von Prozessen im Unternehmen dient.	Eine Mitarbeiterin hinterfragt gerne Arbeitsabläufe und optimiert gerne Prozesse. Als interne Auditorin betrachtet sie interne Prozesse anderer Abteilungen und schlägt Verbesserungen vor.
Experte (Fachlaufbahn)	Häufig ist parallel zur Führungs-laufbahn die Fachlaufbahn als Entwicklungsweg für fachlich besonders kompetente und inte-ressierte Mitarbeiter angelegt; mögliche Aufgaben von Experten in der Fachlaufbahn: Innovationen entwickeln, Prozesse optimieren, sich um Wissensmanagement kümmern.	Ein Mitarbeiter verfügt über hohes fachliches Wissen und gibt dies als Experte in der Fachlaufbahn im Rahmen von Schulungen und über die Erstellung von E-Learnings an Kollegen in der Organisation weiter.
Scrum Master, Product Owner, Agile Coach, Change Manager etc.	In den letzten Jahren sind unter Schlagworten wie „Change/Trans-formation", „Agilität", „Arbeiten 4.0" eine Reihe neuer Rollen entstan-den, die neue Entwicklungsschritte für Beschäftigte eröffnen können. Das kann auch bedeuten, Aufga-ben aus klassischen Führungs-rollen herauszulösen und diese bei anderen Kollegen als Funktion zu platzieren. So kann ein Change Manager Veränderungsprozesse in einer Organisation begleiten, ohne in einer klassischen Führungsrolle zu sein. Gerade im IT-Kontext wird seit einigen Jahren vermehrt mit Rollen wie Scrum Master und Product Owner gearbeitet, die klassische Führungsrollen erset-zen oder ergänzen.	In der IT-Entwicklung eines Unternehmens soll zukünftig nach Scrum-Prinzipien gearbei-tet werden. Dies führt zu einer Veränderung der bestehenden Führungsstruktur und der Einführung von Scrum Mastern als neuer Funktion.

Die in Tabelle 8 aufgeführten Entwicklungsschritte sind als Impulse für Personalmanagement und Geschäftsleitung gedacht, um zu reflektieren, wie das Entwicklungsportfolio in der eigenen Organisation aktuell beschaffen ist und wie dieses sinnvoll weiterentwickelt werden kann. Ebenso wichtig ist die Frage, ob die bestehenden Entwicklungsmöglichkeiten innerhalb der Organisation umfassend transparent gemacht werden. Direkte Führungskräfte wollen wir mit der Übersicht dazu anregen zu überlegen, inwieweit sie die bestehenden Möglichkeiten in ihrer Organisation kennen und diese für ihr Team nutzen. In Personalgesprächen sollte regelmäßig reflektiert werden, ob der eingeschlagene berufliche Weg/die ausgeübte berufliche Rolle weiter passend ist oder eine Neuorientierung sinnvoll erscheint.

Schulungs- und Weiterbildungsprogramme, ob nun intern oder extern realisiert, haben wir bewusst nicht als separaten Punkt aufgeführt, da wir sie in enger Verzahnung mit den verschiedenen Entwicklungsschritten sehen. Wenn beispielsweise ein Mitarbeiter einen berufsbegleitenden Master in Projektmanagement absolviert und die gewonnenen Erkenntnisse als Projektleiter bei seiner Arbeit einsetzen kann, dann leistet die Weiterbildung einen sinnvollen Entwicklungsbeitrag. Kann der Mitarbeiter das Gelernte nicht einsetzen und ist er in der Folge für seine Tätigkeiten überqualifiziert beziehungsweise nicht passend qualifiziert, dann trägt die Weiterbildung sogar eher zur Fluktuationsförderung bei (Harari et al., 2017). Weiterbildung kann also auch ein Fluktuationstreiber sein.

Anregungen zur Gestaltung von Entwicklungswegen

- Die verschiedenen in einem Unternehmen beschäftigten Mitarbeiter unterscheiden sich in ihren Kompetenzen und Interessen – dem sollten Entwicklungswege Rechnung tragen. Gleichzeitig benötigen Organisationen Mitarbeiter auf unterschiedlichen Entwicklungswegen, um zum Beispiel durch Experten die Innovationskraft des Unternehmens zu fördern.
- Es ist wahrscheinlich, dass Konzepte wie Fachlaufbahn, Projektlaufbahn und andere Funktionen (z. B. Change Manager) eher an Bedeutung gewinnen werden und neue Möglichkeiten der Mitarbeiterbindung eröffnen.
- Die Rolle des Entwicklungsbegleiters ist eine der wichtigsten Führungsaufgaben, d. h. die Beratung und Unterstützung der Mitarbeiter in ihrer beruflichen Entwicklung. Dies setzt voraus, dass Führungskräfte Anerkennung für die Ausübung dieser Führungsaufgabe erfahren. Das bedeutet beispielsweise, dass in Personalgesprächen mit Führungskräften darüber gesprochen wird, welche Erfolge sie in der Entwicklung ihrer Mitarbeiter erzielen konnten. Es ist wichtig, dass sich Führungskräfte mit den Entwicklungsmöglichkeiten in ihrer Organisation beschäftigen, über die notwendigen kommunikativen Kompetenzen verfügen, und in der Organisation ein entwicklungsförderliches Klima gestaltet wird (z. B. durch die Förderung interner Wechsel oder die Bereitstellung von Lernzeit).

- Bei allen Entwicklungsschritten muss gut geklärt sein, was jemand an Kompetenzen und Interessen mitbringen sollte (z. B. sehr gute Selbstorganisation als Voraussetzung für Projektmanager), was vor der Veränderung und begleitend an Lernformaten verpflichtend oder freiwillig angeboten wird (z. B. Schulungen zu Projektmanagementsoftware für angehende Projektmanager), wie sich neue Aufgaben und Funktionen mit den bestehenden Tätigkeiten vereinbaren lassen (z. B. Wie viel Prozent seiner Zeit stehen einem Projektmanager für ein Projekt zur Verfügung?), und wie sich möglicherweise die Einbettung in die Organisation durch den Entwicklungsschritt verändert (z. B. ein Projektmanager informiert direkt ein Geschäftsleitungsgremium über Projektfortschritte).
- Die Gestaltung von Entwicklungswegen muss eng mit der Gestaltung der Vergütung verzahnt werden (z. B. Wie wird die Arbeit eines Senior-Projektleiters finanziell anerkannt?). Beispielsweise kann besondere fachliche Expertise oder Projektmanagementkompetenz für die Organisation ähnlich wertvoll oder sogar wertvoller als die Ausübung einer Führungsfunktion sein.
- Bei der Gestaltung von Entwicklungswegen können auch klassische Rollen, wie die Führungsrolle, überdacht werden. Grundsätzlich können die einzelnen Aufgaben, die häufig in der Führungsfunktion gebündelt werden, auch gesplittet und in andere Rollen überführt werden (z. B. ein Einarbeitungspate übernimmt Aufgaben in der Einarbeitung) oder durch andere Organisationsprinzipien ergänzt werden (z. B. direktes Feedback durch Kunden ersetzt/ergänzt Feedback durch die Führungskraft), beziehungsweise neben der klassischen Führungsrolle können neue Konzepte und Funktionen entstehen (z. B. geteilte Führung, Scrum Master).

Das Führen von Entwicklungsgesprächen als zentrale Führungsaufgabe

Die Gestaltung attraktiver Entwicklungswege ist eine Aufgabe von Personalmanagement und Geschäftsleitung, die Nutzung der angebotenen Wege ist aber im Wesentlichen die Aufgabe der direkten Führungskräfte in Interaktion mit ihren Mitarbeitern. Deshalb wollen wir neben der Gestaltung von Entwicklungswegen noch näher auf die Rolle der direkten Führungskraft eingehen. Für die Vorbereitung von Entwicklungsgesprächen geben wir in Tabelle 9 einige Anregungen, die wir an einem Praxisbeispiel illustrieren.

In Entwicklungsgesprächen gilt es, sich intensiv mit den Interessen und Kompetenzen des Mitarbeiters zu beschäftigen, diese mit den Möglichkeiten der Organisation abzugleichen, alternative Wege abzuwägen und zu konkreten Vereinbarungen zu kommen. In der Regel geht es dabei um die Gestaltung eines Prozesses mit mehreren Gesprächen.

Tabelle 9:   Anregungen zur Vorbereitung von Entwicklungsgesprächen

Impulsfragen	Beispiele
Welche Erfolge hat mein Mitarbeiter in den letzten 12 Monaten erzielt?	• Ein Mitarbeiter im Außendienst hat den Umsatz mit den von ihm betreuten Kunden um 10 % gesteigert, indem er neue Produkte platzieren konnte. • Zudem hat er drei große Neukunden gewonnen. • Er bekommt sehr gutes Feedback von seinen Kollegen nach Präsentationen auf Teambesprechungen.
Was hat er konkret getan, um diese Erfolge zu erzielen?	• Effektive und effiziente Tourenplanung umgesetzt • In neue Produkte intensiv eingearbeitet • Guten Kontakt zu den Einkaufsleitern der drei neuen Großkunden aufgebaut • Präsentationen sehr interaktiv gestaltet
Welche Kompetenzen liegen möglicherweise hinter dem Verhalten?	• Zeit- und Selbstmanagementkompetenz (z.B. kann gut Prioritäten setzen, kann seinen Arbeitstag gut planen) • Netzwerkkompetenz (z.B. kann gut auf Menschen zugehen, Kontakte entwickeln und pflegen) • Rhetorische Kompetenz (z.B. bildhafte Sprache beim Präsentieren, Zuhörer einbinden)
Wie könnten wir diese Kompetenzen noch weiterentwickeln und nutzen?	• Als Trainer für andere Verkäufer zum Thema „Tourenplanung" und „Neukundengewinnung" einsetzen • Die Kundenstruktur so verändern, dass mehr Zeit für die Gewinnung und Betreuung von Großkunden zur Verfügung steht • Weitere Aufgaben in der Gestaltung der Teambesprechungen übertragen • Weitere Präsentationsgelegenheiten schaffen • Die kommunikativen Kompetenzen durch Übungsgelegenheiten so weiterentwickeln, dass der Mitarbeiter herausfordernde Verhandlungen gut bewältigen kann
Welche vorhandenen Kompetenzen und Interessen kann mein Mitarbeiter im Moment bei seinen Aufgaben kaum nutzen?	• Interessen: Fungiert in seiner Freizeit als Volleyballtrainer; hat geäußert, dass er neuen Kollegen gerne etwas beibringen möchte • Kompetenzen: Hat ausgeprägte IT-Kompetenzen (z.B. kann sich schnell in neue Software einarbeiten)
Wie könnten wir diese Kompetenzen und Interessen noch nutzen?	• Dem Mitarbeiter die Einarbeitung eines neuen Kollegen anvertrauen • Den Mitarbeiter als Trainer bei der Einführung des neuen CRM-Systems einsetzen

Im besten Fall bereiten sich sowohl die Führungskraft als auch der Mitarbeiter intensiv auf das Entwicklungsgespräch vor. Nachfolgend haben wir einige Fragen zusammengestellt, die für Mitarbeiter zur Vorbereitung auf ein Entwicklungsgespräch hilfreich sein können. Die Führungskraft kann diese Fragen (auch in passenden Auszügen und Modifikationen) an ihre Mitarbeiter geben und die Fragen im Gespräch weiter vertiefen (siehe auch die Fragen für Führungskräfte auf der beiliegenden Karte „Mittel- und langfristige Entwicklungswege erarbeiten" und die ausführlichen Hinweise zu Mitarbeitergesprächen bei Hossiep, Zens & Berndt, 2020).

Auswahl möglicher Fragen für Mitarbeiter zur Vorbereitung auf Entwicklungsgespräche

- Welche Aufgaben machen mir besonders viel Spaß? Welche weniger? Weshalb?
- Welche Aufgaben möchte ich gerne ausweiten? Welche eher weniger? Weshalb?
- Wie sähe für mich ein idealer Arbeitstag aus? Mit welchen Aufgaben?
- Welche Fähigkeiten und Talente sehe ich bei mir, die ich im Moment noch wenig oder gar nicht in meine Arbeit einbringen kann?
- Wie könnte ich meine Fähigkeiten und Talente noch besser für unser Unternehmen einsetzen?
- Was bedeutet für mich Weiterentwicklung?
- Welche alternativen Wege sehe ich für mich?
- Was könnte für mich der nächste Schritt in meiner persönlichen Entwicklung sein?
- Welche anderen/neuen Aufgaben interessieren mich? Was finde ich daran spannend?
- Welche Kompetenzen sind mit Blick auf die neuen Aufgaben, auf eine mögliche neue Funktion etc. wichtig?
- Was bringe ich für die neuen Aufgaben, die neue Funktion etc. an Kompetenzen mit? Was fehlt mir (noch)?
- Wie können wir (noch konkreter) herausfinden, ob ich für die neuen Aufgaben, die neue Funktion etc. geeignet bin? Wie können wir das testen?
- Von wem kann ich mir Rat einholen, was gut zu mir passen könnte?
- Was würden mir meine Kollegen oder Freunde empfehlen?
- Was würde mir noch helfen, was kann ich noch lernen, um die neuen Aufgaben, die neue Funktion etc. gut ausüben zu können?
- Welche Auswirkungen hat eine mögliche Veränderung (z. B. veränderte Anforderungen, Teamwechsel)?

Am Ende des Entwicklungsgesprächs empfehlen wir, die Ergebnisse anhand der folgenden Fragen schriftlich festzuhalten: (1) Was ist nach dem Gespräch weiter zu klären und zu tun? (2) Welche Informationen werden noch benötigt? (3) Was wird miteinander vereinbart (soweit möglich Ziele definieren)? (4) Was sind die nächsten Schritte? (5) Wann findet das nächste Entwicklungsgespräch statt?

Viele Organisationen stellen ihren Führungskräften Leitfäden für Entwicklungsgespräche zur Verfügung oder bieten Trainings zu diesem Thema an, bei deren
Gestaltung die hier zusammengestellten Fragen berücksichtigt werden können.

Ergänzend dazu sind die folgenden Überlegungen bei der Durchführung von Entwicklungsgesprächen zu berücksichtigen: Führungskräfte müssen ihre eigene
Sichtweise ins Gespräch mit einbringen. Welche *Kompetenzen* sieht die Führungskraft bei ihrem Mitarbeiter? Hält sie den Mitarbeiter für geeignet, Ausbilder, Ex-
perte, Führungskraft etc. zu werden? Woran macht sie ihre Einschätzung konkret
fest? Ganz entscheidend ist auch, dass es gelingt, die Wünsche des Mitarbeiters
in Beziehung zu seinen eigenen Möglichkeiten und den Möglichkeiten der Organisation zu setzen und so Entwicklungsschritte mit möglichst guter *Passung* zu erarbeiten: Hat der Mitarbeiter ein realistisches Bild der angestrebten Funktion?
Wie gut passen Anforderungen und Kompetenzen zusammen?

Führungskräfte sollten zudem keine Versprechungen machen, die sie nicht einhal-
ten können. *Unrealistische Entwicklungsszenarien* bedeuten mit hoher Wahrscheinlichkeit ein negatives Ereignis für den Mitarbeiter (vgl. Abschnitt 2.2). Gleichzeitig
müssen Führungskräfte darauf achten, dass die Entwicklungsschritte dem Team/
Unternehmen einen *Nutzen* bringen. Nur weil jemand „etwas werden möchte", heißt
das nicht, dass dieser Entwicklungsweg auch für die Organisation sinnvoll ist.

Mitarbeiter in ihrer Entwicklung zu begleiten, ist eine *zeitintensive* Führungsaufgabe. Es ist wichtig, als Führungskraft dafür ausreichend Zeit einzuplanen. So benötigen Entwicklungsgespräche neben einer guten Vorbereitung auch eine gute
Nachbereitung. Entsteht beim Mitarbeiter der Eindruck, dass sich die Führungskraft nach einem Entwicklungsgespräch nicht weiter um die besprochenen Themen kümmert, ist Enttäuschung sehr wahrscheinlich.

Und schließlich können als unfair erlebte Karriereentscheidungen im Kollegen-
kreis zu negativen Erlebnissen, insbesondere in Form *enttäuschter Erwartungen,*
führen. Führungskräfte sollten sich daher gut überlegen, wie sich Entscheidungsprozesse möglichst transparent und vor allem anhand nachvollziehbarer Kriterien
gestalten lassen. Nachvollziehbare Begründungen bei Karriereentscheidungen
können Enttäuschungen unwahrscheinlicher machen oder abschwächen.

In Abschnitt 5.3 stellen wir ein Fallbeispiel vor, bei dem neben Fragen der Erwartungsklärung auch Entwicklungsaspekte eine wichtige Rolle spielen. Ergänzend
möchten wir an dieser Stelle auch auf das Fallbeispiel zur Mitarbeiterbindung in
der Pflege in Abschnitt 5.7 hinweisen.

4.1.6   Bindungsgespräche

Wie wir bei der Beschreibung unseres Fluktuationsmodells in Abschnitt 2.1 veranschaulicht haben, besteht lediglich ein mittlerer Zusammenhang von Fluktuations-

absichten mit tatsächlicher Fluktuation. Ein Mitarbeiter, der Fluktuationsabsichten hat und diese womöglich äußert, wird nicht zwangsläufig das Unternehmen verlassen (Rubenstein et al., 2018). Auch Mitarbeiter, die explizit äußern, dass sie kündigen werden oder gar eine schriftliche Kündigung überreichen, ziehen diese in manchen Fällen wieder zurück. Wie in Abschnitt 2.1 bereits angesprochen, versuchen Mitarbeiter auch durch das Äußern von Fluktuationsabsichten nachdrücklich auf unerfüllte Anliegen und damit verbundene fehlende Arbeitszufriedenheit aufmerksam zu machen. Die direkten Führungskräfte sollten die Chance nutzen, gegebenenfalls unter Einbindung der Personalabteilung, eine ungewollte Fluktuation noch abzuwenden. Der richtige Umgang mit geäußerten Fluktuationsabsichten und eingereichten Kündigungen ist ein wichtiger Teil professionellen Fluktuationsmanagements. Bindungsgespräche sind dabei das zentrale Instrument.

Bindungsgespräche als Führungsinstrument etablieren

Unter *Bindungsgesprächen* verstehen wir Gespräche zwischen Mitarbeiter und Führungskraft, nachdem ein Mitarbeiter Fluktuationsabsichten geäußert hat, ganz explizit eine Kündigung ausgesprochen oder die schriftliche Kündigung überreicht hat. Ob es tatsächlich zur Fluktuation kommt, hängt nicht unwesentlich von den Reaktionen der direkten Führungskraft ab.

Nachfolgend gehen wir zunächst auf einige grundlegende Überlegungen ein, die für die Gestaltung von Bindungsgesprächen wichtig sind, und stellen anschließend konkrete Fragen für Bindungsgespräche zur Verfügung. Beides kann hilfreich sein, um Bindungsgespräche in Organisationen zu etablieren. Wir möchten Anregungen zur Verfügung stellen, die in der Führungskräfteberatung, im Training oder bei der Gestaltung von Gesprächsleitfäden aufgegriffen werden können.

Hinsichtlich der grundsätzlichen Gestaltung von Bindungsgesprächen ist es für Führungskräfte zunächst wichtig, dem Mitarbeiter zu signalisieren, dass sein Austritt sehr bedauert werden würde. Hierzu eignen sich beispielsweise die folgenden Formulierungen: „Du bist für uns ein sehr wichtiger Kollege. Ich würde gerne noch weiter mit dir im Team arbeiten. Ich bin sehr daran interessiert, weshalb du kündigen möchtest. Womöglich finden wir Lösungen, sodass du doch weiter bei uns im Unternehmen arbeiten kannst." Diese Botschaften sollten sehr klar und wiederholt zum Ausdruck gebracht werden.

Bindungsgespräche sollten möglichst unmittelbar geführt werden, beispielsweise am gleichen oder nächsten Tag. Wir empfehlen explizit anzubieten, dass auch Gespräche mit dem nächsthöheren Vorgesetzten oder der Personalabteilung möglich sind. Sollte der Wechselwunsch hauptsächlich durch das Verhalten der direkten Führungskraft bedingt sein, kann die Einbindung anderer Personen hilfreich sein, um zum Beispiel eine interne Veränderung des Mitarbeiters innerhalb der Organisation anzustoßen.

In Bindungsgesprächen können vielfältige Lösungen entstehen, beispielsweise horizontale oder vertikale Veränderungen innerhalb der Organisation, Veränderungen in den Arbeitsbedingungen, Entwicklungs- und Weiterbildungsangebote etc. Werden Vereinbarungen getroffen, so sind die Wirkungen auf andere Kolleginnen und Kollegen im Unternehmen unter Fairnessgesichtspunkten zu beachten. Vereinbarungen, die in der Folge bei anderen Mitarbeitern die Fluktuationswahrscheinlichkeit erhöhen, richten mehr Schaden als Nutzen an. Das ist sorgsam abzuwägen.

Es ist wichtig, dass ausscheidende Mitarbeiter bis zu ihrem tatsächlichen Ausscheiden in gleicher Weise wertschätzend, wie andere Teammitglieder auch, behandelt werden. Dies bedeutet beispielsweise, dass sie weiter an Teambesprechungen, Teamessen etc. teilnehmen dürfen. Ist klar, dass es tatsächlich zur Fluktuation kommt, sollte zwischen Mitarbeiter und Führungskraft gut besprochen werden, wann und wie die Kolleginnen und Kollegen im Team informiert werden. Bis zur finalen Entscheidung empfehlen wir, den Mitarbeiter darum zu bitten, seine Kündigung noch nicht öffentlich zu machen.

Bindungsgespräche dienen nicht allein dazu, eine Fluktuation zu verhindern, sondern erfüllen auch die Funktion, eine gute Grundlage für weitere Kontakte nach einer möglichen Fluktuation zu schaffen. Es geht auch darum, eine Basis für eine mögliche spätere Rückkehr zu entwickeln oder Anknüpfungspunkte für eine spätere Geschäftsbeziehung zu finden. Möglicherweise wird der ausscheidende Mitarbeiter einmal bei einem Lieferanten oder Kunden arbeiten.

Im nachfolgenden Kasten gehen wir noch konkreter auf die Ausgestaltung der Bindungsgespräche ein und empfehlen Fragen, die Führungskräfte in Bindungsgesprächen nutzen können.

Anregungen zu den Inhalten von Bindungsgesprächen

- Was war für dich der Auslöser für deine Kündigung?
- Was müsste sich verändern, damit du dir vorstellen kannst, weiter bei uns zu arbeiten?
- Was kann ich tun, um dich bei uns im Unternehmen zu halten?
- Was findest du an der neuen Stelle attraktiv?
- Was sind die konkreten Punkte, die für deinen Veränderungswunsch ausschlaggebend sind?
- Ich kann mir vorstellen, dass wir bei den Punkten „Homeoffice", „Projektprämie" und bei der „finanziellen Förderung einer Weiterbildung" zu einer guten Lösung kommen können. Ist es okay, wenn ich das weiter kläre und dann mit dir über konkrete Möglichkeiten spreche?

- Bis wann möchtest du eine finale Entscheidung für dich treffen, ob du tatsächlich gehen wirst?
- Wenn du dich tatsächlich für einen Wechsel entscheiden solltest; passt es für dich, wenn wir weiter in Kontakt bleiben?
- Was müsste sich bis zu einer möglichen Rückkehr verändert haben?

Kündigungen als kritisches Ereignis für die Führungskraft

Neben Überlegungen, die bei der Gestaltung der Gespräche berücksichtigt werden sollten, möchten wir auf einen weiteren wichtigen Punkt hinweisen: Eine Kündigung durch einen Leistungsträger wird in der Regel für die betroffene Führungskraft ein kritisches Ereignis sein. Womöglich fühlt sie sich als Führungskraft infrage gestellt und ist von ihrem Mitarbeiter enttäuscht. Auch diese Gefühle sollten im Training mit Führungskräften aufgegriffen werden, um den Führungskräften Leitlinien für ein professionelles Handeln in Kündigungssituationen an die Hand zu geben. Zudem sollte vermieden werden, dass Fluktuationen die Fluktuationswahrscheinlichkeit der betroffenen Führungskräfte erhöhen. Im besten Fall hilft die Vorbereitung auf Kündigungssituationen, dass die Führungskraft weniger stark mit negativen Emotionen reagiert, beziehungsweise diese besser regulieren kann. Auch Coachingangebote können dazu beitragen, einen konstruktiven Umgang mit solchen kritischen Ereignissen zu entwickeln. Grundsätzlich sollte in der Personalabteilung ein Ansprechpartner definiert sein, der Führungskräfte im Kündigungsprozess unterstützt (z. B. bei arbeitsrechtlichen Fragestellungen).

Gelingt es nicht, die Fluktuation noch abzuwenden, so ist es wichtig, dass die betroffene Führungskraft bei den folgenden Fragen durch ihre eigene Führungskraft und die Personalabteilung Unterstützung erfährt:
- Ist eine Nachbesetzung der entstehenden Vakanz möglich? Ab wann? Was ist in diesem Zusammenhang zu tun?
- Welche Unterstützungsmöglichkeiten gibt es für das Team in der Übergangsphase oder wenn eine Nachbesetzung nicht möglich ist?
- Wie kann es gelingen, spezifisches Wissen des ausscheidenden Kollegen möglichst für die Organisation zu sichern?
- Welche Schlussfolgerungen können aus der Fluktuation für die anderen Teammitglieder gezogen werden?
- Welche Schlussfolgerungen können insgesamt aus der Fluktuation gezogen werden? Welcher Handlungsbedarf ergibt sich daraus?

Wir empfehlen sehr, jede Fluktuation als Lerngelegenheit zu nutzen und nicht einfach zum normalen Tagesgeschäft überzugehen. Gerade der Blick auf das verbleibende Team ist wichtig, um weitere Fluktuationen im Team zu verhindern. Auf einen möglichen „Ansteckungseffekt" haben wir in Abschnitt 1.5 hingewiesen.

Mit ausgeschiedenen Mitarbeitern in Kontakt bleiben

Sollte es trotz aller Bemühungen tatsächlich zur Fluktuation kommen, dann empfehlen wir kurz vor dem Ausscheiden konkreter über den zukünftigen Kontakt zu sprechen. Im einfachsten Fall kann sich dieser Kontakt darauf beschränken, dass sich die direkte Führungskraft gelegentlich beim ausgeschiedenen Mitarbeiter meldet, um die Option einer zukünftigen Rückkehr offenzuhalten. Alternativ oder ergänzend kann es zentrale, systematische Angebote geben. Das kann beispielsweise bedeuten, dass ausgeschiedene Mitarbeiter in ein *Alumni-Netzwerk* aufgenommen werden, um in diesem Rahmen über wichtige Veränderungen, Unternehmenserfolge, neue Stellen etc. informiert zu werden oder auch Einladungen zu Alumni-Treffen zu erhalten. Das kann auch Einladungen zu Firmenveranstaltungen, wie der Weihnachtsfeier, beinhalten. Möglich ist auch, dass höhere Führungskräfte (zum Beispiel Mitglieder der Geschäftsleitung) einige Monate nach dem Ausscheiden Kontakt mit den ausgeschiedenen Mitarbeitern aufnehmen, um über eine mögliche Rückkehr zu sprechen. Wichtig ist, mit dem ausscheidenden Mitarbeiter zu klären, wie der Kontakt in Zukunft gestaltet werden kann. Dies schließt natürlich auch ein, dass ausscheidende Mitarbeiter womöglich keinen weiteren Kontakt mehr wünschen oder erst nach einer längeren Frist für ein erneutes Gespräch bereit sind.

Auf ein Führungskräftetraining zum Führen von Bindungsgesprächen gehen wir in Abschnitt 5.5 näher ein. Zur Rolle von Führungskräften im Fluktuationsprozess möchten wir auch auf unser Fallbeispiel in Abschnitt 5.8 aus dem Coachingkontext hinweisen. Die beiliegende Karte „Bindungsgespräche führen" fasst relevante Fragen an den Mitarbeiter im Bindungsgespräch und Anregungen für Angebote an den Mitarbeiter zusammen.

4.1.7   Austrittsgespräche

Die in Kapitel 2 beschriebenen Modelle und Forschungsbefunde zeigen auf, welche Fluktuationsgründe es im Allgemeinen geben kann. Um konkret umsetzbare Handlungsempfehlungen für die jeweilige Organisation ableiten zu können, muss auf dieser Basis analysiert werden, wie die tatsächliche Verteilung und damit Gewichtung der Fluktuationsgründe im einzelnen Unternehmen ist (Kowling, 1989). Als Mittel der Wahl empfehlen wir dafür das systematische Führen von Austrittsgesprächen.

Im Folgenden beschreiben wir den Nutzen des Analyse- und Evaluationstools Austrittsgespräch, dessen mehrwertstiftenden Einsatz im Unternehmen, Gestaltungsregeln für einen standardisierten Fragebogen als Gesprächsbasis, die tatsächliche Durchführung des Austrittsgesprächs und abschließend die Nachbereitung und Aufbereitung der Gesprächsprotokolle.

Nutzen und Kosten von Austrittsgesprächen

Ziel der Austrittsgespräche ist neben der Ermittlung der Fluktuationsgründe aus Sicht der kündigenden Mitarbeiter die sich daraus ergebende Möglichkeit, Ansatzpunkte für Interventionen auf verschiedenen Ebenen (von der Geschäftsleitung, über die Teamebene bis hin zu individuellen Maßnahmen für den einzelnen Mitarbeiter) zu definieren (Prühs, 1989). Mit einem guten Trennungsmanagement können die Grundsteine für eine mögliche Rückkehr ins Unternehmen gelegt werden (Ransweiler, 2011). Der positive Abschluss hilft dabei, die Wahrscheinlichkeit für eine negative Mundpropaganda im Umfeld des ausscheidenden Mitarbeiters zu reduzieren und somit die Arbeitgebermarke zu schützen. Im Gespräch bietet sich zusätzlich die Möglichkeit, über die Bedingungen einer möglichen Rückkehr zu sprechen und Vereinbarungen über zukünftige Kontakte (z. B. Teilnahme an Alumni-Veranstaltungen) zu treffen.

Neben der Analyse der Fluktuationsgründe kann die längerfristige Betrachtung der Austrittsgründe mittels des Austrittsgesprächs auch für die Evaluation von Interventionen zur Steigerung der Mitarbeiterbindung eingesetzt werden. Werden die Daten längerfristig erhoben, können mögliche Veränderungen bei den Fluktuationsgründen sichtbar gemacht werden.

Dem skizzierten Nutzen steht allerdings ein beachtlicher Aufwand gegenüber: Konzeption der Austrittsgespräche, dauerhafte Umsetzung mit Vor- und Nachbereitung (ca. 2 Stunden pro Gespräch inklusive Vor- und Nachbereitung), regelmäßige Auswertung, Ableiten und Umsetzen von Maßnahmen sowie deren Evaluation. Um für größtmögliche Effizienz zu sorgen, sollte das Potenzial der Austrittsgespräche vollumfänglich genutzt werden und gleichzeitig der Aufwand möglichst geringgehalten werden, wofür wir nachfolgend einige grundsätzliche Empfehlungen geben.

Konzeption des Austrittsgesprächsprozesses

Wir favorisieren eine Kombination aus standardisiertem Fragebogen und persönlichem Interview. Der standardisierte Fragebogen ermöglicht quantitative Aussagen zu den Fluktuationsgründen und Vergleiche über die Zeit hinweg. Im Gespräch kann detaillierter auf die individuellen Fluktuationsgründe eingegangen werden, Wertschätzung vermittelt, der weitere Kontakt geklärt und somit die Basis für einen positiven Austritt gelegt werden. Mit jedem ungewollt ausscheidenden Mitarbeiter sollte ein Austrittsgespräch geführt werden. So kann ein umfassendes Bild der Fluktuationsgründe im Unternehmen entstehen.

Das Austrittsgespräch sollte als fester Bestandteil der Personalarbeit im gesamten Unternehmen etabliert werden. Auf den ersten Blick hat der ausscheidende Mitarbeiter keinen persönlichen Mehrwert vom Austrittsgespräch. Für aussagekräftige Ergebnisse wird jedoch seine Bereitschaft zu ehrlichen und offenen Antworten benötigt. Ist das Austrittsgespräch fest im Unternehmen verankert, wird es von ausscheidenden Mitarbeitern im besten Fall als normaler Vorgang erlebt.

Wichtig ist die Konstanz des Analysetools, um eine kontinuierliche Auswertung zu ermöglichen, bei der mögliche Veränderungen der Fluktuationsgründe über die Zeit hinweg dargestellt werden können. Die Auswahl der Fragen sollte daher mit Bedacht erfolgen, damit der Leitfaden des Austrittsgesprächs möglichst unverändert dauerhaft eingesetzt werden kann.

Es empfiehlt sich, alle beschriebenen Einflusskategorien im Austrittsgespräch aufzugreifen (siehe Abschnitt 2.1). So wird ein Vergleich der Relevanz der Fluktuationsgründe im Unternehmen ermöglicht und die Aussagekraft der Ergebnisse erhöht, da keine wichtigen Fluktuationsgründe übersehen werden. Es gilt auch zu entscheiden, wer das Feedback nach dem Austritt des Mitarbeiters erhalten soll: der direkte Vorgesetzte, der indirekte Vorgesetzte, der Bereichsleiter, die Geschäftsleitung, die Mitarbeitervertretung, das Recruiting-Team? Wer benötigt diese Daten, um für seinen Arbeitsalltag Aufgaben abzuleiten? Per Unterschrift sollte der ausscheidende Mitarbeiter seine Erlaubnis zur entsprechenden Weitergabe geben oder verweigern können.

Schon im Zuge der Konzeption sollte definiert werden, welche Gremien in welchen Abständen (z.B. quartalsweise) die aggregierten Ergebnisse und mögliche Maßnahmen diskutieren und beschließen werden. Das Feedback der ausscheidenden Mitarbeiter kann für verschiedene Bereiche des Unternehmens relevant sein. Entsprechend sollten während der Konzeptionsphase die verschiedenen Bereiche die Möglichkeit erhalten, Fragen beizusteuern. Fragen, die sich auf den künftigen Arbeitgeber beziehen, sind beispielsweise relevant für die Personalakquisition. Die Frage „Wie wurden Sie auf Ihre neue Stelle aufmerksam?" kann auch Hinweise zur Beantwortung der Frage „Wie werden unsere neuen Kollegen auf uns aufmerksam?" liefern und somit bedeutsam für die Rekrutierungsstrategie sein. Fragen aus Bereichen wie Mitarbeitervertretung, Geschäftsführung und Personalentwicklung beziehen sich in der Regel auf Feedback und Anregungen zu ihrem Handeln.

Abschließend muss das Austrittsgespräch von der Mitarbeitervertretung freigegeben werden, und mit dem Datenschutzbeauftragten müssen die notwendigen Datenschutzinformationen sowie -freigaben eingearbeitet werden.

Gestaltung eines Austrittsfragebogens

Allgemeine Hinweise zur Fragebogenkonstruktion finden sich bei Bühner (2021). Im nachfolgenden Kasten werden wichtige Empfehlungen, die bei der Gestaltung eines Austrittsfragebogens beachtet werden sollten, zusammengefasst. Weitere

Anregungen zur Erhebung quantitativer Daten für die Analyse von Fluktuations-gründe sind in Anhang 1 in einem beispielhaften Fragebogen zusammengestellt.

Gestaltung eines Austrittsfragebogens

Grundlegende Aspekte

- Zu Beginn erfolgt eine kurze, prägnante Einführung zu Hintergründen und Ablauf des Fragebogens.
- Der Hauptteil wird sinnvoll strukturiert, z. B. in einen Teil mit geschlossenen Fragen, in dem mögliche Fluktuationsgründe bewertet werden, und einen Teil mit offenen Fragen zu möglichen besonderen Ereignissen, die die Fluktuation ausgelöst haben. Die Fragen werden so formuliert, dass jede nur einen einzelnen Inhalt abbildet und somit keine inhaltlichen Dopplungen oder Überschneidungen auftreten.
- Bei der Formulierung der Fragen wird auf Eindeutigkeit und Einfachheit der Sprache geachtet (z. B. keine doppelte Verneinung).
- Um Durchführungs- und Auswertungseffizienz zu ermöglichen, sollte der Fragebogen möglichst kurz sein.
- Am Ende des Fragebogens ist noch Platz für weitere Anmerkungen des Befragten und den Dank für die Teilnahme an der Befragung.
- Eine möglichst effiziente Auswertung des Fragebogens wird ermöglicht, wenn der überwiegende Teil der Fragen im geschlossenen Antwortformat vorliegt. Für einen detaillierteren Einblick können einzelne offen gestellte Fragen ergänzt werden.
- Es empfiehlt sich, bei den geschlossenen Fragen möglichst durchgängig die gleichen 5- oder 6-stufigen Antwortskalen zu verwenden. Diese sind für Anwender, in unserem Fall die ausscheidenden Mitarbeiter, aus anderen Lebensbereichen (z. B. Schulnotensystem) geläufig.

Inhaltliche Aspekte

- Die kurze Einleitung besteht aus Informationen zu Bedeutung und Hintergrund sowie dem Bedanken für die Bereitschaft zum Ausfüllen des Fragebogens. Gleich hier können notwendige Aspekte des Datenschutzes angesprochen und die Freigabe zur Weiterreichung der Ergebnisse eingeholt werden.
- Die sich anschließenden demografischen, personenbezogenen Daten beinhalten in der Regel Name, Bereich, Funktion, Eintritts- und Austrittsdatum sowie Name des Vorgesetzten.
- Wie oben beschrieben, kann es für verschiedene Unternehmensbereiche (z. B. Personalakquisition, Mitarbeitervertretung) eine gute Gelegenheit sein, im Rahmen der Austrittsgespräche Feedback zu verschiedenen Aspekten ihrer Tätigkeit zu erhalten. Wird diese Gelegenheit für Feedback genutzt,

wird der Hauptteil des Fragebogens in die Bereiche Feedback und Kündigungsgründe aufgeteilt und bei Bedarf um weitere Themenblöcke (z. B. Fragen zum Einstellungsprozess) ergänzt.

- Der Feedbackbereich kann sich beispielsweise aus Feedback zur Tätigkeit, Führungskraft, Team und Unternehmen sowie Personalakquisition und Mitarbeitervertretung zusammensetzen. Wichtig ist ein Abgleich mit anderen Feedbacktools (z. B. der Mitarbeiterbefragung), um bei gewollter wiederholter Abfrage die gleichen Formulierungen nutzen zu können. Als Antwortskala empfehlen wir für diesen Bereich die klassische Schulnotenskala (1 = sehr gut; 2 = gut; 3 = befriedigend; 4 = ausreichend; 5 = mangelhaft; 6 = ungenügend).
- Es schließen sich die Fragen zu den Kündigungsgründen an. Da mehrere Gründe zur Kündigungsentscheidung führen können, empfiehlt es sich, die verschiedenen möglichen Fluktuationsgründe auf einer mehrstufigen Skala (siehe das Beispiel unten und im Anhang 1) nach deren Bedeutung für die Kündigung bewerten zu lassen. So ergibt sich ein differenziertes Bild der Austrittsgründe.

Formulierung der Fragen

- Beispielfrage: „Wie bedeutsam sind die nachfolgend genannten möglichen Kündigungsgründe für Ihren Weggang auf folgender Antwortskala: sehr wichtig – wichtig – mittel – weniger wichtig – unwichtig?"
- Mögliche Fluktuationsgründe in Anlehnung an Abschnitt 2.1 auswählen, beispielsweise: erlebte Aufgabenvielfalt, Wichtigkeit der übertragenen Aufgaben, Betriebsklima, Entwicklungsmöglichkeiten, Gehaltsniveau und -system, Teamklima, Führungsverhalten des Vorgesetzten, Konflikte zwischen Arbeit und anderen Lebensbereichen
- Wir empfehlen, eine größere Anzahl möglicher Gründe aus den verschiedenen Kategorien aufzunehmen, wenngleich im Sinne der Effizienz in der Praxis wahrscheinlich eine Auswahl getroffen werden muss. Diese Auswahl sollte gut begründet erfolgen, so gibt es möglicherweise aus informellen Gesprächen oder durch die Mitarbeiterbefragung Hinweise, welche Gründe mehr oder weniger relevant sind.
- Darüber hinaus können Fragen zu möglichen konkreten Auslösern für die Kündigung (besondere Ereignisse) und dem Zeitpunkt der Kündigungsentscheidung das Bild vervollständigen. Mögliche Beispielfragen für besondere Ereignisse sind: „Was waren für Sie wichtige Auslöser für die Kündigung?" „Gab es Situationen, in denen Sie sich stark geärgert haben und die zur Fluktuation beigetragen haben?"
- Hilfreich können auch Fragen zu den Wechselzielen sein: „Steht schon fest, was Sie nach Ihrem Ausscheiden machen werden (z. B. Studium aufnehmen, Familienarbeit, Selbstständigkeit, neue Arbeitsstelle)?"
- „Unter welchen Umständen würden Sie bleiben oder wiederkommen?" kann als offene abschließende Frage den Fokus nochmals auf die bedeutsamsten

Kündigungsgründe einerseits und andererseits auf eine gemeinsame Zukunft richten und somit dem Fragebogen wie dem anschließenden Gespräch einen positiven Abschluss ermöglichen.

- Der Fragebogen wird mit einem Dank für die investierte Zeit und die offenen, ehrlichen Antworten sowie guten Wünschen für die Zukunft abgerundet.

Durchführung und möglicher Ablauf eines Austrittsgesprächs

Bei der Durchführung der Austrittsgespräche sollten folgende Rahmenbedingungen berücksichtigt werden:

- *Interviewer:* Eine neutrale Vertrauensperson möglichst mit Interviewerfahrung (z. B. aus der Personalabteilung oder der Mitarbeitervertretung) und mehrjähriger Betriebszugehörigkeit sollte für das Führen der Austrittsgespräche verantwortlich sein. Auch die Beauftragung einer externen Agentur ist in der Praxis durchaus üblich.
- *Kontaktaufnahme:* Ca. 6 Wochen vor dem Austritt erfolgt die (telefonische) Kontaktaufnahme zum ausscheidenden Mitarbeiter. Es wird erläutert, dass er im Rahmen eines Austrittsgesprächs um Feedback zu verschiedenen Themen gebeten wird, und betont, dass dieses Feedback für das Unternehmen von großer Bedeutung ist, um daraus Verbesserungen ableiten zu können. Wenn möglich, wird der ca. einstündige Termin für das Austrittsgespräch ca. 1 Woche vor dem Austritt terminiert.
- *Raum:* Für das Austrittsgespräch sollte ein ruhiger Raum, der eine angenehme Atmosphäre ermöglichen kann, gewählt werden.

Folgende Schritte stellen einen möglichen Ablauf eines Austrittsgesprächs dar:

1. Der Interviewer begrüßt den ausscheidenden Mitarbeiter, bedankt sich für die Zeit, erklärt Hintergründe und Ablauf des Gesprächs. Ziel der Einführung ist es, eine angenehme Gesprächsatmosphäre zu schaffen und die Motivation des Mitarbeiters, ehrliches Feedback zu geben, zu erhöhen.
2. Der Mitarbeiter wird darauf hingewiesen, dass er zuerst in Ruhe den Fragebogen ausfüllen kann (ca. 20 Minuten) und diesen anschließend mit dem Interviewer besprechen, Rückfragen stellen und offene Punkte klären kann (ca. 30 Minuten).
3. Die Wichtigkeit von ehrlichem Feedback wird nochmals betont, das Ausbleiben von eventuellen Nachteilen versichert, und der Mitarbeiter erhält Informationen zum Aufbau und Beantworten des Fragebogens. Zudem wird erläutert, wie die Ergebnisse weiterverarbeitet werden. Die erhobenen Daten fließen anonymisiert in eine aggregierte Auswertung ein, um in Gremien besprochen werden zu können (insbesondere in der Geschäftsleitung/der Mitarbeitervertretung). Weitere Optionen der Nutzung (z. B. Weitergabe der Ergebnisse an den direkten Vorgesetzten) werden ebenfalls besprochen und

erfolgen nur bei schriftlichem Einverständnis des ausscheidenden Mitarbeiters.

4. Nach dem Ausfüllen des Fragebogens reflektiert der Interviewer die Antworten mit dem Mitarbeiter. Dabei geht er gezielt auf kritische Punkte und Auffälligkeiten ein (z.B. sehr negative Antworten), er fragt speziell nach möglichen emotionalen Situationen, die das „Fass zum Überlaufen" gebracht haben (besondere Ereignisse). Bei Bedarf werden noch Ergänzungen auf dem Fragebogen vorgenommen, und der Interviewer macht sich Notizen.

5. Abschließend wird das weitere Vorgehen mit den Austrittgesprächsinhalten und der künftige Kontakt nach Verlassen des Unternehmens besprochen. Der Interviewer bedankt sich erneut und wünscht dem Mitarbeiter alles Gute für die Zukunft.

Nachbereitung, Auswertung und Ableiten von Maßnahmen

Nach dem Gespräch macht sich der Interviewer ergänzende Notizen, und er fasst die Gesprächsinhalte zusammen. Das Weitergeben von Fragebogen und Notizen erfolgt entsprechend der Freigabe des Mitarbeiters. Auf Basis des Feedbacks des ausscheidenden Mitarbeiters und abhängig von seiner Freigabe wird auch eine Entscheidung darüber getroffen, ob ein Vertreter der Personalabteilung mit dem direkten Vorgesetzten ein Gespräch führt. Dabei können je nach Situation gemeinsam Maßnahmen definiert werden, ein Coaching für die Führungskraft angeboten, eine Teamentwicklung angestoßen werden usw.

Die Fragebogenantworten werden (i.d.R. durch einen Verantwortlichen aus der Personalabteilung) anonym in eine dafür vorgesehene Datei eingetragen. Wir empfehlen dafür ein Tabellenkalkulationsprogramm wie Microsoft Excel oder ein Statistikprogramm wie SPSS, da diese Programme sowohl eine leichte Dateneingabe wie Auswertung ermöglichen. In regelmäßigen Abständen (z.B. quartalsweise) erfolgt die *anonyme Auswertung*. Eine deskriptive Auswertung ist hierbei ausreichend, denn das Ziel liegt in der Beschreibung der durch die ausscheidenden Mitarbeiter rückgemeldeten quantitativen Ergebnisse. Es ist sinnvoll, Tabellen- und Grafikvorlagen zu erstellen, in die jeweils die neuen Werte eingetragen werden. So hat der Auswerter einen überschaubaren Aufwand, und die Entscheider können sich direkt auf den Inhalt konzentrieren, weil sie mit dieser Art der Darstellung aus vorherigen Präsentationen bereits vertraut sind. Hilfreich für die Analyse der Fluktuationsgründe und Ableitung von Interventionen sind vor allem Entwicklungen über die Zeit und Vergleiche zwischen den verschiedenen Unternehmensbereichen.

In Abbildung 8 sind die Entwicklungsverläufe für drei ausgewählte Fluktuationsgründe (fehlende Entwicklungsmöglichkeiten, zu wenig wertschätzendes Führungsverhalten und Unzufriedenheit mit dem Gehalt) beispielhaft dargestellt. Ein Wert von 0.5 in der Abbildung bedeutet, dass 50 % der ausgeschiedenen Mitar-

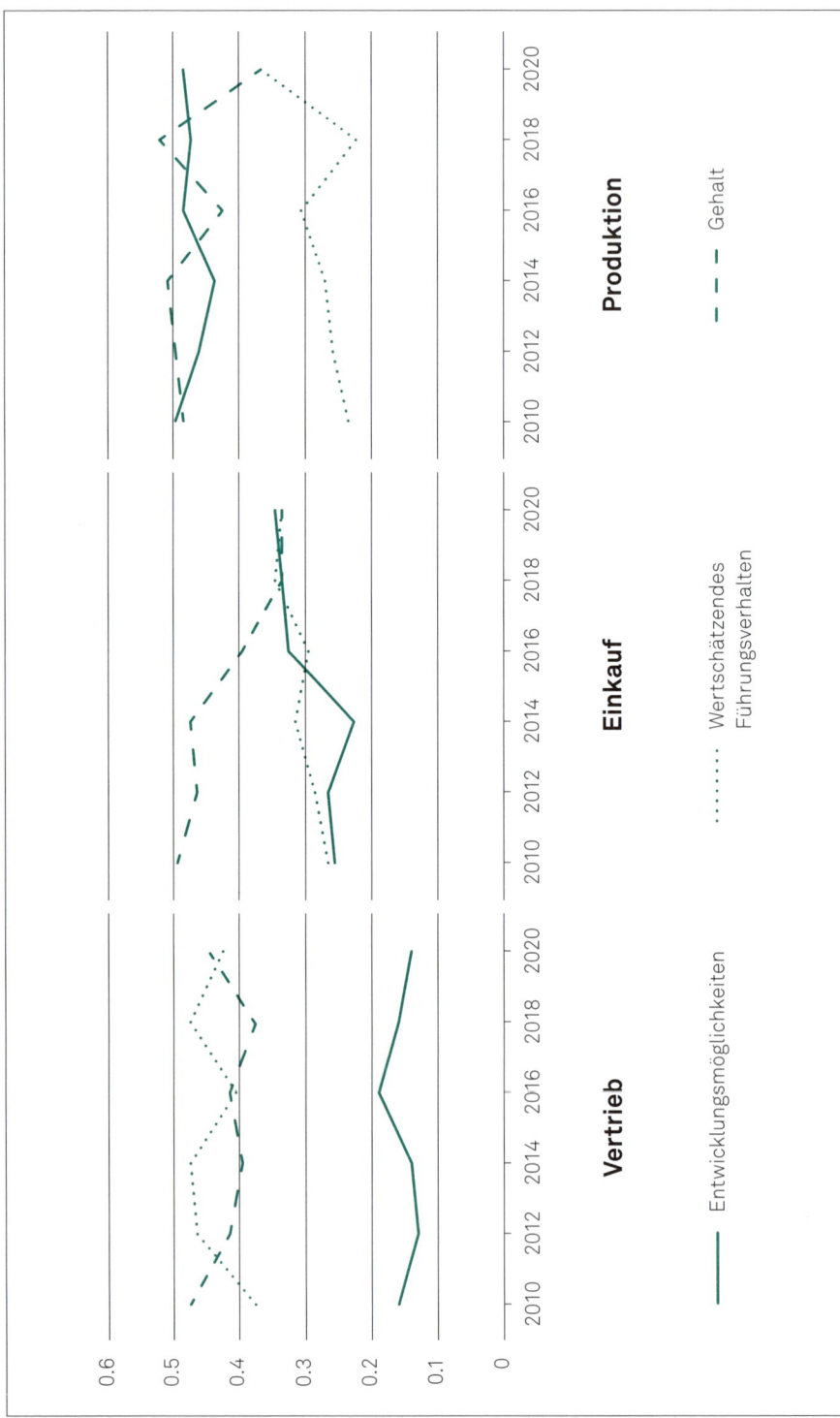

Abbildung 8:   Entwicklung von ausgewählten Fluktuationsgründen in verschiedenen Unternehmensbereichen (Angaben in relativen Häufigkeiten)

beiter den jeweiligen Grund als relevanten Fluktuationsgrund angekreuzt haben, wobei Mehrfachnennungen möglich sind. Die Entwicklung ist über einen Zeitraum von 12 Jahren (2010 steht für den Zeitraum 2009–2010, 2012 steht für den Zeitraum 2011–2012 usw.) und für drei Unternehmensbereiche (Vertrieb, Einkauf und Produktion) separat dargestellt. Beispielhaft gehen wir auf zwei markante Entwicklungen ein: Im Einkauf ist über den betrachteten Zeitraum hinweg die Unzufriedenheit mit dem Gehalt als Fluktuationsgrund deutlich gesunken. Wurde im Jahr 2014 das Gehaltssystem des Einkaufs verändert, so könnte dies nun ein deutlicher Hinweis für einen relevanten Effekt sein. Hingegen ist das zu wenig wertschätzende Führungsverhalten in der Produktion seit dem Jahr 2018 als Fluktuationsgrund deutlich angestiegen. Hier sollte nach Maßnahmen gesucht werden, um effektiv gegenzusteuern.

Ein Fallbeispiel zur Gestaltung von Austrittsgesprächen stellen wir in Abschnitt 5.6 zur Verfügung. Die beiliegende Karte „Austrittsgespräche führen" beinhaltet eine Zusammenstellung offener Fragen, die Führungskräfte in Austrittsgesprächen stellen können.

4.2 Probleme bei der Umsetzung von Fluktuationsmanagement

Bei der Implementierung von systematischem Fluktuationsmanagement können in einer Organisation unterschiedliche Hindernisse auftreten. Wir gehen nachfolgend auf einige typische Hindernisse ein und skizzieren entsprechende Handlungsmöglichkeiten.

Fluktuationsvermeidung wird von Führungskräften als unwichtig wahrgenommen

Umsatz, Gewinn oder auch Produktivitätskennzahlen stehen bei Führungskräften häufig im Fokus: Zu diesen Kennzahlen werden Ziele definiert, Maßnahmen abgeleitet und deren Umsetzung und Wirkung verfolgt. Die Fluktuationsquote steht hingegen oft weniger im Fokus. Fluktuationsmanagement, wie wir es beschreiben, ist verbunden mit Geschäftsleitungsentscheidungen, mit dem Bereitstellen von finanziellen Ressourcen und personellen Kapazitäten. Es setzt die Mitwirkung von Führungskräften auf allen Hierarchieebenen voraus. Wird die Mitarbeiterfluktuation von Führungskräften als eher unwichtiges Randthema wahrgenommen, dann werden sich die Führungskräfte kaum mit Verbesserungen beschäftigen. Es ist unwahrscheinlich, dass dann die erforderlichen Entscheidungsprozesse initiiert und die notwendigen Ressourcen bereitgestellt werden.

Deshalb ist es zunächst wichtig, dass Verantwortliche im Personalmanagement oder auch andere interessierte Führungskräfte daran arbeiten, dass der ungewollten Mitarbeiterfluktuation mehr Bedeutung beigemessen wird. Einige Argumente hierfür stellen wir in Kapitel 1 zur Verfügung.

Notwendig erscheint uns vor allem, dass es gelingt, die Analyse der Fluktuationsgründe und mögliche Interventionen mindestens jährlich in einer Geschäftsleitungssitzung oder in einem Gremium unter Beteiligung von Geschäftsleitungsmitgliedern zu verankern. Ohne Entscheidungen im Geschäftsleitungsgremium und die Bereitstellung von Ressourcen kann kein systematisches Fluktuationsmanagement implementiert werden. Die Gestaltung neuer Karrierewege oder systematische Veränderungen in den Arbeitsbedingungen sind beispielsweise ohne die Einbindung der Geschäftsleitung nicht möglich.

Niemand ist für den Gesamtprozess verantwortlich

Fluktuationsmanagement beschreiben wir als einen Gesamtprozess aus Analyse, Ableitung von Maßnahmen und Evaluation. Wenn dieser Prozess nicht von einer Stelle durchgängig gesteuert wird oder nicht zumindest gute Übergänge gestaltet werden, dann besteht die Gefahr, dass der Gesamtprozess ins Stocken gerät. Dann werden möglicherweise Austrittsgespräche geführt, aber die gewonnenen Daten nicht systematisch analysiert und in der Folge keine geeigneten Maßnahmen abgeleitet. Sowohl für Austrittsgespräche und Mitarbeiterbefragung, aber auch für andere Instrumente gilt: In Organisationen kann die Tendenz bestehen, dass der Prozess mit der Ergebniskommunikation endet, wenn sich beispielsweise die Personalabteilung für die Durchführung der Mitarbeiterbefragung und die Kommunikation der Ergebnisse in der Verantwortung sieht, aber darüber hinaus die Verantwortlichkeit nicht definiert ist. Der Gesamtprozess muss im Ganzen durchdacht, geplant und im besten Fall zentral gesteuert werden, beispielsweise durch die Personalentwicklung oder Organisationsentwicklung. Die Steuerung des Prozesses erfordert personelle Kapazitäten.

Veränderungen werden nicht hinreichend professionell gestaltet

Fluktuationsmanagement beinhaltet nicht selten die Initiierung von Veränderungen und ist damit eng mit *Change Management* verknüpft. Wenn beispielsweise Arbeitsbedingungen in einer Abteilung verbessert werden sollen oder die Zusammenarbeit zwischen Abteilungen oder das Projektmanagement im Unternehmen, dann sind das Veränderungsprozesse, die Change Management erfordern. Nicht jede Veränderung wird von allen Mitarbeitern positiv bewertet, und Veränderungen werden von manchen Mitarbeitern als beunruhigend wahrgenommen. Es gilt daher, möglichst alle Mitarbeiter in die Veränderungsprozesse einzubinden: ihre

Bedenken ernst zu nehmen, sie an der Gestaltung der Veränderung zu beteiligen und die Effekte mit ihnen zu reflektieren. Bei Stegmaier (2016) finden sich wertvolle Anregungen zu professionellem Change Management in Organisationen.

Schlecht gestaltete Veränderungsprozesse können kritische Ereignisse sein (vgl. Abschnitt 2.2) und Fluktuation begünstigen. Deshalb ist die Frage nach möglichen unerwünschten Nebenwirkungen von Interventionen relevant. Weitet eine Organisation beispielsweise mobiles Arbeiten aus, so werden dies nicht alle Mitarbeiter als positiv wahrnehmen. Womöglich haben stationär im Betrieb arbeitende Mitarbeiter die Befürchtung, dass sie für mobil arbeitende Kollegen Arbeitsaufgaben übernehmen müssen, weil sich Führungskräfte und andere Kollegen verstärkt an die stationär im Betrieb arbeitenden Mitarbeiter wenden. Umgekehrt haben möglicherweise die Kollegen im Homeoffice die Sorge, dass sie und ihre Arbeit von ihren Führungskräften weniger wahrgenommen werden. Es gilt also, mögliche Nebenwirkungen zu identifizieren und möglichst abzufedern.

Gleichzeitig ist es möglich, dass es in Organisationen auf allen Ebenen starke Beharrungstendenzen gibt. Wo werden wir landen, wenn wir nichts verändern? Was können wir gewinnen, wenn wir etwas verändern? Antworten auf diese Fragen können ein Beitrag zur Schaffung von Veränderungsmotivation leisten. Die Förderung von Veränderungsmotivation ist auf allen Ebenen wichtig: von der einzelnen Führungskraft über den einzelnen Mitarbeiter, das Team bis hin zur gesamten Organisation.

Führung auf Augenhöhe passt nicht zur Unternehmenskultur

Gespräche zur Erwartungsklärung, Bindungsgespräche, Teambesprechungen und andere Interventionen setzen, so wie wir sie beschreiben, *Führung auf Augenhöhe* voraus: also das Verständnis, dass Führungskraft und Mitarbeiter zwar unterschiedliche Rollen haben, in diesen verschiedenen Rollen allerdings gleichwertig zusammenarbeiten.

Dazu gehört, dass Anregungen und Sichtweisen zwischen Führungskräften und Mitarbeitern offen ausgetauscht werden und dass Feedback in beide Richtungen gegeben wird. Nur weil jemand eine Führungsfunktion wahrnimmt, bedeutet dies beispielsweise nicht, dass die Person bessere Ideen hat. Das mag trivial klingen, bedeutet jedoch in der Praxis, dass zwischen Führungskräften und Mitarbeitern in beide Richtungen offen und direkt miteinander kommuniziert wird. Das passt sicher nicht in allen Organisationen zur Unternehmenskultur.

Wenn Führungskräfte ihre Rolle eher so verstehen, dass sie wichtiger als ihre Mitarbeiter sind und ihre eigenen Sichtweisen als relevanter annehmen, dann begrenzt das die Umsetzung der vorgeschlagenen Interventionen deutlich. Es kann ihnen dann schwerfallen, Feedback ernst zu nehmen und gemeinsam an Verbesserungen zu arbeiten. Ebenso kann es den Führungskräften schwerfallen, sich von ausscheidenden Mitarbeitern ehrlich den Spiegel vorhalten zu lassen. Kritik wird dann schnell als Angriff interpretiert, Handlungsbedarf negiert und der Feedbackgeber womöglich als „Nestbeschmutzer" abgewertet. Es braucht also eine Unternehmenskultur, in der Führung auf Augenhöhe gelebt wird. Das hat auch Auswirkungen auf die Auswahl und Ausbildung der Führungskräfte.

Führungskräfte kümmern sich um die *falschen* Aufgaben

Wie klar ist den Führungskräften in einer Organisation, was ihre Aufgaben sind? Sind es die *richtigen* Aufgaben? Wie viel Zeit verbringt eine Führungskraft mit der Entwicklung ihrer Mitarbeiter, mit der Schaffung guter Arbeitsbedingungen, mit der Unterstützung ihrer Mitarbeiter?

Die vorgeschlagenen Interventionen dienen vor allem der Gestaltung motivierender Arbeitsbedingungen und der Förderung der Mitarbeiter. Führungskräfte sollten sich nach unserem Verständnis vor allem darum kümmern, dass ihre Mitarbeiter möglichst zufrieden und gesund gute Leistungen erbringen können, um so die Ziele der Organisation erreichen zu können. Dazu gehören selbstverständlich noch viele Führungsaufgaben mehr, die über die Ansatzpunkte in diesem Band hinausgehen (z. B. koordinative Aufgaben).

In der Praxis kann die Führungsrolle natürlich auch ganz anders gelebt werden: Die Führungskraft bearbeitet vor allem die schwierigsten Aufgaben des Teams, weil sie darin große Expertise hat; die Führungskraft wendet in erster Linie Zeit für die Vernetzung mit höheren Führungsebenen auf; die Führungskraft beschäftigt sich überwiegend mit Problemen, die ihre Mitarbeiter (vermeintlich) nicht selbst lösen können etc. Auch diese Tätigkeiten haben natürlich ihre Bedeutung und Berechtigung. Je nachdem, wie die Führungsrolle in einer Organisation explizit oder implizit beschrieben wird, bleibt dann womöglich *keine Zeit* für die in diesem Band beschriebenen Führungsaufgaben. Dies liegt nicht an zu wenig zur Verfügung stehender Zeit, sondern an der Definition der Führungsfunktion. Das wiederum kann bedeuten, dass vor der Implementierung von Fluktuationsmanagement die Klärung von Führungsaufgaben erfolgen muss, was Auswirkungen auf die Auswahl von Führungskräften, auf Führungskräfteentwicklung, auf Zielvereinbarungen mit Führungskräften und auf Gespräche mit Führungskräften zur Rollenklärung haben kann.

5 Fallbeispiele aus der Unternehmenspraxis

Nachfolgend beschreiben wir Fallbeispiele aus verschiedenen Organisationen unterschiedlicher Branchen. Besonderer Dank gebührt unseren Gesprächspartnern, die in den Fallbeispielen ihre Instrumente und Erfahrungen mit uns teilen. Wir danken Elisabeth Königstein (Abschnitt 5.1) für konkrete Anregungen zur Förderung von Mitarbeiterbindung im Einarbeitungsprozess und Sebastian Krämer (Abschnitt 5.2) für seine Beispiele zur Gestaltung von Teambesprechungen. Interessante Einblicke in Gespräche zur Erwartungsklärung und Mitarbeiterentwicklung hat uns Jochen Schöpflin gegeben (Abschnitt 5.3). Katrin Krämer (Abschnitt 5.4) danken wir für das Fallbeispiel zur Mitarbeiterbefragung sowie Günter Leimberger (Abschnitt 5.7) für vielfältige Ansätze, wie Mitarbeiterbindung in der Pflege gelingen kann. Abgerundet wird das Kapitel durch die Beschreibung eines Coachingfalls (Abschnitt 5.8), wofür wir Christoph Schalk danken. Ergänzt wird das Kapitel um Fallbeispiele aus unserer eigenen Unternehmenspraxis (Abschnitt 5.5 und 5.6). Bei allen Fallbeispielen stellen wir Bezüge zu den Empfehlungen in Kapitel 4 her und diskutieren mögliche Wirkfaktoren mit Blick auf die Modelle aus Kapitel 2.

5.1 Fallbeispiel: Einarbeitungskonzept

Das Kneipp Einarbeitungskonzept (www.kneipp.com) wurde 2018 grundlegend überarbeitet. Das fränkische Traditionsunternehmen mit starkem Bezug zu Natur- und Gesundheitswissen expandiert immer stärker im internationalen Raum mit innovativen Produkten. Kneipp legt großen Wert darauf, dass sich die Mitarbeiter weiterentwickeln und das Unternehmen voranbringen können. Jeder Mitarbeiter bekommt daher viel Entscheidungsspielraum und übernimmt damit Verantwortung („Take the lead"). Dafür benötigt er umfassendes Wissen. Ziel der Einarbeitung ist es, dieses Wissen an alle neuen Mitarbeiter weiterzugeben und diese mit den verschiedenen Bereichen und Abläufen im Unternehmen vertraut zu machen.

Die fünf Säulen von Kneipp (Wasser, Pflanzen, Bewegung, Ernährung und Balance) aus der Unternehmensphilosophie finden auch in der Einarbeitung ihren Niederschlag. Ab dem ersten Tag spielen Balance und Stressprävention eine wichtige Rolle. Nur mit der nötigen Balance können die oben genannten Ziele, wie die Übernahme von Verantwortung, erreicht werden. Daraus leiten sich für die Einarbeitung folgende Unterziele ab: die Unsicherheit der neuen Mitarbeiter zu reduzieren, die Mitarbeiter zu befähigen, Verantwortung zu übernehmen und sich mit Eigeninitiative in das Unternehmen einbringen zu können.

Neben der fachlichen Einarbeitung in den verschiedenen Unternehmensbereichen besteht der Kneipp Onboarding-Prozess aus folgenden übergreifenden, durch die Personal- und Fachabteilungen begleiteten Bausteinen: einem Starter-Paket mit Kneipp Produkten, individuellen Einarbeitungsplänen inklusive verschiedener Online- und Präsenzschulungen, den Onboarding-Days, einem Tag Mitarbeit in einem der Kneipp Stores sowie der Zuweisung eines Paten aus einem anderen Unternehmensbereich.

Schon während des Recruitings erhält der neue Mitarbeiter viele Informationen über Kneipp und einen Überblick über den Onboarding-Prozess. Noch vor dem ersten Arbeitstag bekommt der neue Mitarbeiter ein *Starter-Paket* zugesandt:

- In einem persönlichen Brief wird die Freude von Kneipp über den baldigen Einstieg zum Ausdruck gebracht, dem Mitarbeiter das gelieferte Präsent erklärt, und der Pate genannt.
- Damit der neue Mitarbeiter schon frühzeitig weiß, was in den ersten Arbeitstagen und -wochen auf ihn zukommt, ist der Einarbeitungsplan fester Bestandteil des Starter-Pakets. Dort sind alle die Einarbeitung betreffenden arbeitsplatzspezifischen Aspekte sowie die übergeordneten Kneipp Themen aufgelistet.
- Der neue Mitarbeiter erhält in digitaler Form (USB-Stick) einige Informationen zum Unternehmen. Darunter sind u. a. betriebliche Vereinbarungen, Verhaltensregeln (z. B. für die Produktion) und Ansprechpartner.
- Zum Testen, Genießen und Wohlfühlen sowie zur Steigerung der Identifikation mit Kneipp und seinen Produkten bekommen die neuen Mitarbeiter aktuelle Produkte, wie zum Beispiel die „Geschenkpackung Duschglück", geschenkt.

In der Zeit zwischen Einstellung und erstem Arbeitstag lädt Kneipp die neuen Kollegen zwecks sozialer Integration zu verschiedenen Veranstaltungen wie Sommer- bzw. Weihnachtsfeier, Informationsveranstaltungen und zu Messen ein.

Im *Einarbeitungsplan* sind alle wichtigen Themen, Ansprechpartner sowie Termine für Schulungen aufgelistet. Dazu gehören diverse E-Learnings zu Themen wie Compliance, zum Datenschutz, zur Kneipp Philosophie, zum Umgang mit kritischen Fragen von Kollegen/extern/Kunden sowie eine Einführung in den Mutterkonzern. Aufgrund der internationalen Ausrichtung von Kneipp nimmt jeder neue Mitarbeiter an einer Präsenzschulung zu interkultureller Kompetenz teil und wird in unterschiedlichen Modulen geschult, wie er mit den Kollegen in Kontakt treten kann (z. B. IT-Tools).

Bei ihrem Tag „*Mitarbeit im Kneipp Store*" lernen die neuen Kollegen Produkte und Kunden im persönlichen Kontakt kennen. So wird für jeden Mitarbeiter spürbar, was sein eigener Beitrag zum fertigen Produkt ist. Besonders wird dabei die Kundenorientierung hervorgehoben, welche für jeden Arbeitsschritt bei Kneipp essenziell ist. Die Mitarbeiter erleben mehr Sinnhaftigkeit bei ihren Alltagsaufgaben, wenn sie genau wissen, wofür sie das tun.

Weitere bindungsfördernde Ziele der Kneipp Einarbeitung sind die Förderung von Selbständigkeit sowie Autonomie der neuen Kollegen und der Fokus auf das gemeinsame Ziel, den Kunden zu begeistern. Durch umfangreiche Produktschulungen, Führungen, Mitarbeit im Store und vor allem die Zeit, die das Unternehmen für die Einarbeitung der neuen Kollegen bereitstellt, werden diese Ziele realisiert.

Ein wichtiger Baustein der Einarbeitung bei Kneipp sind die *Onboarding-Days*. Bedarfsgesteuert bietet die Personalabteilung viermal im Jahr für alle neuen Kollegen eine 2-Tages-Präsenzveranstaltung an (siehe Tabelle 10). Aufgrund der Internationalität findet mindestens eine Veranstaltung auf Englisch statt, sodass auch die internationalen Kollegen teilnehmen können. Sollte keine Präsenzveranstaltung möglich sein (z. B. aufgrund der Corona-Pandemie 2020/2021), werden die Onboarding-Days digital durchgeführt.

Ziele dieser Veranstaltung sind das Kennenlernen des Unternehmens, das Eintauchen in die Kneipp-Philosophie und -Wertewelt sowie das Kennenlernen und der Austausch unter den neuen Mitarbeitern. Alle Unterlagen zur Veranstaltung werden den Teilnehmern schon vor der Veranstaltung auf einer Sharepoint-Plattform zur Verfügung gestellt. So können sich diese schon vorab einlesen und relevante Inhalte auch im Nachgang nochmals anschauen. Solche Bestandteile des Einarbeitungskonzeptes sowie das durch die Personalentwicklung unterstützte Vernetzen der neuen Mitarbeiter mit der bestehenden Mitarbeiterschaft erhöhen die Identifikation mit dem Unternehmen.

Inhalte der Onboarding-Days sind:
- Ein Mitarbeiter aus der Personalabteilung ist für die Moderation der Veranstaltung verantwortlich. Den Mitarbeitern wird die HR-Strategie sowie die Employee Journey aufgezeigt und weiterführende Mitarbeiterangebote dargelegt (z. B. Welche Gesundheitskurse gibt es? Wie sehen die Angebote zur Altersvorsorge aus?)
- Der Geschäftsführer nimmt sich Zeit und präsentiert den neuen Kollegen Informationen zum Konzern, zum Geschäftsmodell inklusive Vertriebskonzept, Marke und Strategie, zu den Unternehmenswerten sowie der -geschichte. Außerdem stellt er das Führungsteam vor und steht für alle Fragen zur Verfügung.
- Kneipp legt großen Wert auf die Identifikation der Mitarbeiter mit den Produkten. Die Mitarbeiter erhalten von den internen Produktentwicklern intensive Produktschulungen, bei denen sie Produkte, die Geschichte, wissenschaftliche Grundlagen, Inhaltsstoffe und Aspekte der Nachhaltigkeit kennenlernen. So lernen die Mitarbeiter beispielsweise, welche wissenschaftlichen Erkenntnisse es zur Lippenpflege gibt oder warum Duschen mit Minze die Stressreduktion unterstützt.
- Da der gesamte Entstehungsprozess eines Produktes von der Entwicklung im Labor bis hin zu Produktion und Verpackung vor Ort ist, erhalten die Mitarbei-

ter einen Einblick in den kompletten Produktionsprozess. Im Rahmen von Führungen durch die Produktion und die Labore werden die Produktionsschritte greifbar. Das Zusammenwirken der Abteilungen wird klar, und der eigene Beitrag wird deutlich.

- Der Betriebsrat stellt sich als Ansprechpartner für die Kollegen sowie verschiedene Mitarbeiterangebote vor.
- In der IT-Schulung werden den Mitarbeitern verschiedene digitale Tools an die Hand gegeben, die ihnen die Alltagsarbeit erleichtern (z. B. Tools zur Organisation der Arbeit, Kommunikationstools).
- Zum Abschluss geben die Teilnehmer Feedback zur Veranstaltung und erhalten einen Ausblick, was in der kommenden Zeit alles auf sie zukommt. Mittels des Feedbacks wird das Onboarding fortwährend optimiert.

Begleitet wird der neue Mitarbeiter während der Einarbeitungszeit von seinem Paten. Das *Patenmodell* fördert vom ersten Tag an die soziale Integration und Bindung über das eigene Team hinaus. Als Paten können sich Mitarbeiter freiwillig melden. Um die Vernetzung der neuen Mitarbeiter auch in andere Bereiche zu fördern, arbeitet der Pate in einem anderen Unternehmensbereich als der neue Mitarbeiter. Der Pate steht ab dem ersten Tag im Unternehmen als Ansprechpartner zur Verfügung, zeigt ihm die Firma und erklärt wichtige, auch informelle Regeln. Darüber hinaus gestalten die Paten ihr Amt nach ihren Wünschen, die Personalabteilung fungiert ausschließlich als Ideengeber (z. B. Verbringen gemeinsamer Pausen, Spaziergang am Mittag, Skype-Meetings).

Tabelle 10:   Agenda der Onboarding-Days

	Uhrzeit	Thema
Tag 1	08:45–09:15	Begrüßung, Agenda & Vorstellungsrunde
	09:15–10:45	Vorstellung Kneipp-Gruppe & Strategie
	10:45–11:00	*Kaffeepause*
	11:00–11:15	Vorstellung des Betriebsrates
	11:15–11:45	Vorstellung HR-Strategie & Mitarbeiterangebote
	11:45–12:30	*Gemeinsames Mittagessen*
	12:30–13:15	Laborführung
	13:15–14:45	IT-Tools für die Zusammenarbeit & Arbeit bei Kneipp
	14:45–15:00	*Kaffeepause*
	15:00–16:30	Produktionsführung
	16:30–17:00	Reflexion, Feedback & Ausblick

Tabelle 10:   Fortsetzung

	Uhrzeit	Thema
Tag 2	08:10–08:15	Begrüßung & Agenda
	08:15–09:45	Produktschulung: Bodycare & Shower
	09:45–10:00	*Kaffeepause*
	10:00–12:00	Produktschulung: Health & Lifestyle
	12:00–12:45	*Gemeinsames Mittagessen*
	12:45–13:45	Produktschulung: Bath & Naturkind
	13:45–14:30	Produktschulung: Cattier
	14:30–14:45	*Kaffeepause*
	14:45–15:30	Einblicke in Kneipp E-Commerce/Social-Media-Kanäle
	15:30–16:30	Produktspezialwissen
	16:30–17:00	Who is Who, Reflexion & Feedback

5.2   Fallbeispiel: Teambesprechungen

In den Tabellen 11 bis 13 stellen wir Beispiele für die Vorbereitung und den Ablauf von monatlich stattfindenden, relativ umfangreichen Teambesprechungen vor. Die Fallbeispiele wurden uns von Führungskräften der Würth Industrie Service zur Verfügung gestellt (www.wuerth-industrie.com).

Tabelle 11: Beispiel 1 – Vorbereitung einer Teambesprechung unter Einbindung der Mitarbeiter

Vorbereitungsschritte	Beschreibung	Zusammenhänge zu Fluktuationsmanagement
Terminierung	Mindestens eine Woche vorher terminieren (im besten Fall mit längerem zeitlichem Vorlauf) ocer in einem fest definierten Zyklus (z. B. jeden ersten Freitag im Monat um 14 Uhr), damit alle sich die Besprechung einplanen und sich vorbereiten können. Für die einzelnen Agendapunkte wird vorab der Zeitbedarf durch die Führungskraft abgeschätzt und eingetragen, um die Besprechung auf 1,5 Stunden zu begrenzen.	Wertschätzendes Führungsverhalten: Zeit von Mitarbeitern gut nutzen/das Gefühl von Zeitverschwendung vermeiden
Sammeln von Themen	Die Teammitglieder tragen ihre Themen für die Teambesprechung in eine gemeinsame Date ein. Dabei können Punkte aus unterschiedlichen Bereichen eingebracht werden: • Informationen aus Präsenzschulungen/E-Learnings/Firmenveranstaltungen etc. • Hintergrundinformationen zu Berichten aus dem Mitarbeitermagazin • Erfolgsgeschichten aus dem Arbeitsalltag • Interessante Verhandlungsverläufe mit Lieferanten • Neues zu SAP-Transaktionen • Informationen zur Marktentwicklung • Anregungen für Teamevents (z. B. gemeinsames Grillen) Punkte der Führungskraft werden ebenfalls im Vorfeld über die Liste kommuniziert (z. B. Ansetzen eines Brainstormings zu einem Thema, Informationen aus Gremiensitzungen, Besprechen der Balanced Scorecard (BSC), Reflexion von Projektständen).	Partizipation: die Agenda der Teambesprechung wird stark durch die Teammitglieder geprägt
Einbindung der Teammitglieder in den Ablauf der Teambesprechung	Mitarbeiter werden (neben ihrer eigenen Themensammlung) dazu aufgefordert, einzelne Agendapunkte vorzubereiten (z. B. Stand der ältesten Reklamationen). Protokollführer und Moderator für die BSC wechseln von Teambesprechung zu Teambesprechung.	Wertschätzendes Führungsverhalten: Sichtbarkeit der Arbeit von Kollegen im Team erhöhen, Interesse zeigen, Anerkennung aussprechen, verantwortungsvolle Aufgaben übertragen

Tabelle 12: Beispiel 2 – Agenda einer Teambesprechung mit starker Mitarbeiterbeteiligung

Agendapunkt	Beschreibung	Zusammenhänge zu Fluktuationsmanagement
Teamrunde	Jedes Teammitglied äußert sich zu den folgenden Fragen: • Wie geht es mir im Moment (private und berufliche Themen werden angesprochen)? • Welche Aufgaben beschäftigen mich gerade? • Was habe ich für die Teambesprechung mit dabei (z.B. für eine Aufgabe wird Unterstützung aus dem Team benötigt, zu einem Thema ist eine Entscheidung im Team zu treffen, das Teammitglied möchte über etwas informieren)? Diese Eingangsrunde wird mit einem gemeinsamen Frühstück verknüpft und nimmt zeitlich meist 30 bis 60 Minuten ein (bei 8 bis 10 Teammitgliedern). Gegebenenfalls wird auf wichtige private oder berufliche Ereignisse/Erfolge angestoßen (z.B. Abschluss einer Weiterbildung).	Wertschätzendes Teamklima fördern; Partizipation stärken (vor allem durch das gemeinsame Treffen von Entscheidungen); fachliche und soziale Unterstützung erschließen/Ratgeber- und Freundschaftsnetzwerke stärken; gute Kommunikationsprozesse im Team fördern; wertschätzendes Führungsverhalten
Inhaltliche Schwerpunkte	Von der Führungskraft werden ein bis drei Themen im Vorfeld definiert, über die durch die Führungskraft ausführlicher informiert wird, oder die im Team ausführlicher diskutiert werden, um beispielsweise zu klären, wie im Team eine neue Aufgabe bearbeitet werden kann, oder um gemeinsam Ideen für eine Aufgabe/eine Entscheidung zu sammeln. Dieser Agendapunkt dauert meist 15 bis 30 Minuten.	Informations- und Partizipationsfunktion
Protokollpunkte	Aus dem fortlaufenden Protokoll ergeben sich in der Regel ca. 10 einzelne Punkte, die Punkt für Punkt abgearbeitet werden. Dabei handelt es sich um Punkte, die einem oder mehreren Teammitgliedern zur Bearbeitung zugeordnet sind. Es geht oft um die Vorbereitung von Entscheidungen, die im Team gemeinsam getroffen werden, oder um Aufgaben, die für (möglichst) alle Teammitglieder interessant, beziehungsweise relevant sind. Dieser Agendapunkt dauert meist 30 bis 60 Minuten.	Informations- und Partizipationsfunktion/ gute Kommunikationsprozesse im Team fördern

Tabelle 12:   Fortsetzung

Agendapunkt	Beschreibung	Zusammenhänge zu Fluktuationsmanagement
Punkte zur Erinnerung	Für jede Teambesprechung sind ein bis drei Punkte definiert, an die erinnert wird, um diese richt aus den Augen zu verlieren (z. B. Regeln im Kontext von Brandschutz und Arbeitssicherheit). Dieser Agendapunkt dauert meist weniger als 5 Minuten.	
Highlight aus dem Mitarbeitermagazin	Jeweils ein Teammitglied stellt einen Artikel aus dem letzten Mitarbeitermagazin vor, den er oder sie besonders interessant fand. Dieser Agendapunkt dauert meist weniger als 5 Minuten.	Gute Kommunikationsprozesse im Unternehmen fördern

Tabelle 13: Beispiel 3 – Agenda einer Teambesprechung mit viel Transparenz zu Kennzahlen und Informationen aus anderen Bereichen

Agendapunkt	Beschreibung	Zusammenhänge zu Fluktuationsmanagement
Begrüßung durch die Führungskraft		
Aktuelle Situation im Unternehmen & Ressort/ Informationen aus anderen Bereichen	Darstellung wichtiger Kennzahlen auf Unternehmensebene (z.B. Umsatz, Betriebsergebnis), Information zu wichtigen Veränderungen/Neuheiten aus anderen Ressorts; Informationen aus Führungsgremien, Neuheiten, die beim Digitalisierungsstammtisch vorgestellt wurden, Informationen aus der Einkaufsleitung	Informationstransparenz zur Lage des Unternehmens schaffen durch Informationen aus anderen Bereichen, welche die Zusammenarbeit mit diesen Bereichen positiv beeinflussen
Team Balanced Scorecard (BSC)	Besprechung der aktuellen Teamkennzahlen in der Team-BSC (durch die Mitarbeiter)	Stärkung der Eigenverantwortung und Handlungsspielräume, indem die Interpretation der Kennzahlen und mögliche Maßnahmen nicht durch die Führungskraft vorgegeben, sondern im Team erarbeitet werden
Punkte der Mitarbeiter	Besprechung von fachlichen Arbeitsthemen, die die Mitarbeiter eingebracht haben (Sammlung im Vorfeld)	Stärkung der Mitarbeiterpartizipation
Punkte der Führungskraft (inklusive Protokollpunkte)	Besprechung von Punkten, die der Führungskraft wichtig sind	
Punkte der Mitarbeiter, die sich auf das Teamklima beziehen	An dieser Stelle können Teamaktionen geplant werden oder Anregungen zur Verbesserung der Zusammenarbeit im Team besprochen werden. Auch die Urlaubsplanung wird hier thematisiert. Erfahrungsaustausch zu Peer-Feedback ist möglich.	Förderung eines guten Teamklimas

Tabelle 13:   Fortsetzung

Agendapunkt	Beschreibung	Zusammenhänge zu Fluktuationsmanagement
Ausblick auf die kommenden Wochen und darüber hinaus	Austausch im Team: • Wo stehen wir mit Blick auf unsere Teamvision? • Wo stehen wir mit Blick auf die Unternehmensvision? • Welche Kompetenzen wollen wir in unserem Team noch aufbauen? • Wie entwickeln wir unsere Produktbereiche weiter? • Welche Bereiche weiten wir aus? • Wie können wir unsere Prozesse verbessern? • Welche Arbeitsschritte können wir digitalisieren?	Team- und Unternehmensvision präsent halten und mit dem Arbeitsalltag verknüpfen; Nutzung von Aspekten transformationaler Führung

5.3 Fallbeispiel: Erwartungsklärung und Entwicklungsgespräche

Bei Great Place to Work® Deutschland (www.greatplacetowork.de) stehen im sogenannten Mitarbeitendenentwicklungsgespräch (MEG) die berufliche und persönliche Entwicklung des Mitarbeiters im Fokus; zudem werden Erwartungen von Mitarbeitern aufgegriffen und geklärt. Darüber hinaus wird unter der Überschrift „Balance" auch die private Situation explizit mit einbezogen. Diese drei Aspekte sind mit Blick auf die Vermeidung von Fluktuation besonders wertvoll und veranschaulichen vor allem Überlegungen aus Kapitel 4 zu den Interventionen „Entwicklungsgespräche" (Abschnitt 4.1.5) und „Gespräche zur Erwartungsklärung" (Abschnitt 4.1.3). Die genannten Themen werden auch in weiteren Gesprächen zwischen Mitarbeitern und Führungskräften aufgegriffen, wir beziehen unser Fallbeispiel aber explizit auf das MEG.

Das MEG ist von der Leistungsbeurteilung, der Vereinbarung von Leistungszielen und vom Gehaltsgespräch bewusst entkoppelt, damit der Fokus des Gesprächs klar auf den intendierten Inhalten bleibt und sich die Aufmerksamkeit beispielsweise nicht auf Gehaltsfragen fokussiert. Es soll keine Verhandlungssituation zwischen Mitarbeiter und Führungskraft erzeugt werden.

In Abschnitt 2.1 haben wir dargestellt, dass gerade die allgemeine Lebenszufriedenheit, die Zufriedenheit mit der eigenen beruflichen Entwicklung, die Passung zur konkreten Stelle sowie Anerkennungsformen (z. B. Lern- und Weiterbildungsmöglichkeiten), die über die Vergütung hinausgehen, für die Vermeidung ungewollter Fluktuationen sehr wichtig sind. Diese verschiedenen Faktoren werden im MEG aufgegriffen. Der Leitfaden zum Gespräch ist im Anhang 2 dargestellt.

Für Great Place to Work® Deutschland als kleines Unternehmen ist es aus Sicht der Personalabteilung besonders wichtig, die gesamte Persönlichkeit des Mitarbeiters mit seinen beruflichen wie privaten Interessen in den Blick zu nehmen sowie auf eine gute Passung zu den Aufgaben und auf vielfältige Formen von Entwicklung zu setzen, da keine klassischen Karriereleitern mit mehreren Hierarchiestufen angeboten werden können. Mit Blick auf die Vermeidung ungewollter Fluktuation von Leistungsträgern erscheinen uns beim MEG die folgenden Aspekte besonders relevant:

- Das Gespräch bietet einen guten Rahmen, um die bisherige Entwicklung des Mitarbeiters wertzuschätzen, wenn beispielsweise über die beruflichen Erfolge aus dem letzten Jahr gesprochen wird (siehe Abschnitt II des Leitfadens). Die identifizierten Stärken des Mitarbeiters werden in der weiteren Aufgabengestaltung für das Folgejahr berücksichtigt. Es ist wahrscheinlich, dass die Reflexion zur Förderung der beruflichen Selbstwirksamkeit beiträgt.
- Misserfolge werden ebenso thematisiert (siehe Abschnitt II des Leitfadens), um Entwicklungspotenziale und Lernbereiche zu identifizieren und passende Maßnahmen zu vereinbaren.

- Das Gespräch stellt die Anliegen und Potenziale des Mitarbeiters stark in den Fokus und ist damit ein sehr partizipatives und individualisiertes Instrument (siehe Abschnitt III & IV des Leitfadens). So können Erwartungen erfragt, aufgegriffen und gemeinsam geklärt werden. Ungenutzte Potenziale können entdeckt und zukünftig besser eingebracht werden. Auch die Frage danach, was die Entwicklung des Mitarbeiters möglicherweise behindert, stellt den Mitarbeiter klar in den Mittelpunkt und ist als Auftaktfrage gedacht, um zwischen Führungskraft und Mitarbeiter zu besprechen, was er selbst, die Führungskraft oder die Personalabteilung zur Überwindung der Hindernisse beitragen können.
- Es werden gemeinsam Entwicklungsziele festgelegt, Maßnahmen dazu vereinbart und beides in weiteren „Stand-der-Dinge-Gesprächen" nachverfolgt. So können Entwicklungswünsche aufgegriffen und nachhaltig begleitet werden.
- Fragen zu einer Veränderung des Aufgabenpakets des Mitarbeiters (siehe Abschnitt III des Leitfadens) können zu einer Verbesserung der Passung zwischen Mitarbeiter und Stelle beitragen.
- Es wird explizit nach der familiären Situation, persönlichen Interessen und Zielen außerhalb der Arbeit und weiteren privaten Aspekten gefragt, um durch deren Berücksichtigung und einer verbesserten Vereinbarkeit von beruflichen und privaten Anliegen die berufliche und allgemeine Lebenszufriedenheit zu fördern (siehe Abschnitt V des Leitfadens). Dieser Teil darf und soll im Gespräch viel Raum einnehmen.

Der Gesprächsleitfaden dient als Orientierung und gleichzeitig als Gesprächsprotokoll. Die einzelnen Themen können durch weitere Fragen vertieft werden.

Eine Besonderheit ist der sogenannte Chancenjoker (siehe Abschnitt IV und Abbildung 9). Einmal im Jahr (auch unabhängig vom MEG) kann dieser genutzt werden. Mit dem *Chancenjoker* kann sich ein Mitarbeiter für eine Aufgabe bewerben, die eigentlich nicht zu seiner Funktion gehört und für die er eigentlich nicht vorgesehen war. Genau genommen kann ein Mitarbeiter den Joker nutzen, wenn er das Gefühl hat, bezüglich der eigenen Entwicklung bei der Führungskraft auf „taube Ohren" zu stoßen: wenn er sich für eine Aufgabe bereit fühlt, die Führungskraft aber nicht darauf eingeht.

Mit dem Ziehen des Chancenjokers signalisiert der Mitarbeiter: „Diese Aufgabe möchte ich unbedingt machen. Ich glaube, dass diese Aufgabe sehr gut zu mir passt." Die Führungskraft ist dann verpflichtet, dem Mitarbeiter die gewünschte Aufgabe, eine ähnlich gelagerte Aufgabe oder eine Teilaufgabe der ursprünglich geforderten Aufgabe zu übertragen. Das können auch Aufgaben sein, die eigentlich auf einer höheren Hierarchiestufe bearbeitet werden oder in einem anderen Team.

Eine weitere Besonderheit des MEG bei Great Place to Work® Deutschland ist das *Peer-Feedback*. So werden die Mitarbeiter explizit dazu ermuntert, sich Feedback von Kollegen einzuholen, welches sie in die MEGs mit einbringen können, wenn sie das möchten. Das Peer-Feedback eröffnet die Möglichkeit, Entwicklungsfelder aus anderen Blickwinkeln zu beleuchten, indem die Perspektiven von Mitarbei-

Bringe deine Ideen und Erwartungen an deine Arbeitsaufgaben @ GPTW das ganze Jahr über ein und sprich sie aktiv bei deiner Führungskraft an. Beschränke dieses nicht nur auf das Mitarbeiterentwicklungsgespräch!

Denk kreativ, um deine persönliche und berufliche Entwicklung voran zu bringen. Wenn du mit deinen Erwartungen mal nicht weiterkommst oder das Gefühl hast auf taube Ohren zu stoßen, nutze den Chancenjoker.

Spielregeln

Mit dem Chancenjoker kannst du dich für Aufgaben im eigenen Team oder in anderen Teams bewerben, für die du grundsätzlich die Eignung und das Interesse mitbringst, wenn deine Führungskraft die Bewerbung nicht unterstützt.

Deine Führungskraft muss den Chancenjoker annehmen und die Mitwirkung in der Aufgabe – wenn machbar – ermöglichen. Sollte die Mitwirkung aufgrund unpassender Rahmenbedingungen zum aktuellen Zeitpunkt oder aus anderen schwerwiegenden Gründen nicht möglich sein, muss deine Führungskraft dir schnellstmöglich eine vergleichbare Aufgabe anbieten.

Wie oft kannst du den Chancenjoker ziehen?

Du bekommst einen Chancenjoker pro Jahr, den du einmalig einsetzen kannst. Du darfst nicht mehrere Chancenjoker sammeln.

Wann kannst du den Chancenjoker ins Spiel bringen?

Jederzeit, aber im Rahmen des MEGs bietet es sich besonders gut an.

Abbildung 9:   Chancenjoker von Great Place to Work® Deutschland (© Great Place to Work® Deutschland GmbH, Köln. Der Abdruck erfolgt mit freundlicher Genehmigung.)

Great Place To Work®

50%

Bitte trage hier die Mailadresse des Kollegen/der Kollegin ein, der/die dich um Feedback gebeten hat:

@greatplacetowork.de

Dein Kollege/deine Kollegin stellt dir folgende Fragen:

Wo liegen aus deiner Sicht meine größten Stärken?

Wo siehst du noch Entwicklungspotenzial für mich bzw. wo kann ich noch besser werden?

Wo denkst du, könnte meine Entwicklung hingehen?

Hast du sonstige Anregungen für mich?

Möchtest du, dass der/die Feedbackempfänger/in weiß, von wem dieses Feedback stammt?
Dann trage bitte deinen Namen ein. Dieses Feld kann auch freigelassen werden:

« Zurück   Weiter »

Abbildung 10: Peer-Feedback von Great Place to Work® Deutschland (in Auszügen © Great Place to Work® Deutschland GmbH, Köln. Der Abdruck erfolgt mit freundlicher Genehmigung.)

ter, Führungskraft und Kollegen abgeglichen werden. Abbildung 10 zeigt vier Fragen für das Peer-Feedback, die schriftlich über eine einfache, digitale Lösung beantwortet werden.

Geschäftsleitung und Personalabteilung von Great Place to Work® Deutschland beschreiben als Ziele des MEGs und des damit verbundenen Prozesses:
- an erster Stelle die Entwicklung des Mitarbeiters zu unterstützen und eine möglichst gute Passung zwischen dem Mitarbeiter mit seinen Stärken und seinen Aufgaben herzustellen,
- durch klare Entwicklungsziele und die damit verknüpften Maßnahmen soll mehr Orientierung für den Mitarbeiter geschaffen und gegenseitige Erwartungen zwischen Führungskraft und Mitarbeiter geklärt werden,
- die Mitarbeiterzufriedenheit zu erhöhen,
- den Mitarbeitern die Möglichkeit zu geben, mit ihren Fähigkeiten und Potenzialen im Unternehmen möglichst viel bewirken zu können,
- die Verbundenheit mit dem Unternehmen zu erhöhen,
- die Mitarbeiter beruflich für weitere Aufgaben zu befähigen.

In der Folge erwarten Geschäftsleitung und Personalabteilung positive Auswirkungen auf die Leistung der Mitarbeiter – nicht nur bezogen auf die Kernaufgaben, sondern auch mit Blick auf zusätzliches Engagement im Unternehmen. Auf Grundlage des aktuellen Forschungsstands ist davon auszugehen, dass eine bessere Passung zwischen einem Mitarbeiter und seinen Aufgaben mit besserer Leistung assoziiert ist. Darüber hinaus wird von einer positiven Wirkung im Sinne der Vermeidung ungewollter Fluktuation ausgegangen, was ebenfalls bei besserer Passung und höherer Mitarbeiterzufriedenheit zu erwarten ist (vgl. Abschnitt 2.1).

Das MEG wird einmal pro Jahr durch die Personalabteilung initiiert. Der Gesprächsbogen wird vom Mitarbeiter ausgefüllt, von der Führungskraft freigegeben und in der digitalen Personalakte archiviert.

In den Gesprächen entstehen ganz unterschiedliche Ergebnisse, und es werden Vereinbarungen zu konkreten Entwicklungszielen für das nächste Jahr getroffen. Erste Schritte zur Erreichung der Ziele können eine Veränderung der Aufgaben, aber auch die Teilnahme an Trainings und Weiterbildungen sein. Auch Hospitationen in anderen Teams, Teamwechsel und Vereinbarungen zu Aufgaben außerhalb des Unternehmens (z.B. ehrenamtliches Engagement, berufliche Selbständigkeit) kommen vor. Ebenso möglich sind Vereinbarungen zu Aktivitäten, die allen Kollegen zugutekommen können, zum Beispiel die Mitwirkung in einer Gruppe, die soziale Aktivitäten organisiert, oder Aktivitäten zur Förderung der Gesundheit. Darüber hinaus sind auch Vereinbarungen zum Beschäftigungsgrad oder zur flexiblen Arbeitszeitgestaltung Teil des Gesprächs. Auch Vereinbarungen zu Sabbaticals können ein Ergebnis sein. Veränderungen ergeben sich dabei unabhängig von der Betriebszugehörigkeit, also auch bei langjährigen Mitarbeitern. Im Einzelfall war das MEG auch schon Anstoß für einen Trennungsprozess mit Aufhebungsvertrag, wenn nach mehreren Gesprächen und einem längeren Zeitraum deutlich wurde, dass die gegenseitigen Erwartungen nicht zusammengebracht werden können.

In der jährlichen Mitarbeiterbefragung von Great Place to Work® Deutschland werden die Möglichkeiten zur Selbstverwirklichung, zur Persönlichkeitsentfaltung sowie die Work-Life-Balance sehr positiv bewertet, was die Geschäftsleitung auch auf den MEG-Prozess zurückführt.

5.4   Fallbeispiel: Mitarbeiterbefragung

Die Mitarbeiterbefragung von WAREMA (www.warema.de), einem Hersteller von Markisen, Jalousien und anderen Sonnenschutzprodukten, haben wir als Fallbeispiel ausgewählt, weil dort ein starker Fokus auf die Besprechung der Ergebnisse im Team und die gemeinsame Entwicklung von Maßnahmen im Team gelegt wird (z.B. zur Zusammenarbeit mit der direkten Führungskraft, zur Verbesserung von Arbeitsbedingungen). Damit zielt das Instrument auf Verbesserungen bei Einflussfaktoren, die Fluktuationen begünstigen können. Gleichzeitig kann es durch seine stark partizipative Ausgestaltung Bindungswirkung entfalten.

Der folgende Kasten zeigt die kompakte Befragung, die insgesamt 12 geschlossene und 2 offene Fragen umfasst. Es werden in der Befragung vor allem Merkmale der Arbeitsstelle und der sozialen Interaktion bei der Arbeit sowie das Thema Führung aufgegriffen. Damit enthält die Befragung wichtige Aspekte zentraler Einflussfaktoren auf Fluktuation (vgl. Abschnitt 2.1).

WAREMA Puls Check[3]

1. Wenn ich mich heute frei entscheiden könnte, würde ich mich wieder für WAREMA als Arbeitgeber entscheiden. *(Zufriedenheit)*
2. Wenn ich alle Erfahrungen bezüglich meiner bisherigen Tätigkeit für WAREMA überdenke, bin ich insgesamt zufrieden mit meiner Arbeit. *(Zufriedenheit)*
3. Ich fühle mich bei Veränderungen in meinem Aufgabenbereich gut informiert und durch entsprechende Maßnahmen unterstützt. *(Weiterentwicklung/Change)*
4. Die Zusammenarbeit mit vor- und nachgelagerten Abteilungen funktioniert reibungslos. *(Zusammenarbeit)*
5. Das Arbeitsklima in meinem Team ist vertrauensvoll und motivierend. *(Team, Betriebsklima)*
6. Im Team geben wir uns gegenseitig wertschätzendes Feedback. *(Team, Kommunikation)*

---

3   © WAREMA Renkhoff SE, Marktheidenfeld. Der Abdruck erfolgt mit freundlicher Genehmigung.

7. Ich kann die mir übertragenen Aufgaben im Rahmen meiner normalen Arbeitszeit gut bewältigen. *(Arbeitsbelastung)*
8. Bei Schwierigkeiten in meinem Aufgabenbereich kann ich jederzeit auf meine direkte Führungskraft zugehen. *(Führungsstil)*
9. Meine direkte Führungskraft lebt das vor, was sie von mir erwartet. *(Führungsstil)*
10. Der Betriebsrat hat mich bei meinen Anliegen in den vergangenen 12 Monaten angemessen vertreten. *(Betriebsrat)*
11. Ich weiß, wie ich zur Erreichung der Qualitätsziele meiner Abteilung beitragen kann. *(Qualität)*
12. Der Erklärfilm und die Vision der Sparte Sonne & Lebensräume beschreiben, wie wir unsere gemeinsamen Ziele in den nächsten Jahren erreichen möchten. Ich fühle mich daher über den gemeinsamen Weg gut informiert. *(Unternehmensstrategie)*
13. Was fand ich im Jahr 2019 bei WAREMA besonders positiv?
   [Hinweis: Wird im Ergebnisbericht der Abteilung angedruckt.]
14. Was müsste sich konkret ändern, damit Sie in Ihrer Tätigkeit im Vergleich zu heute ein höheres Maß an Zufriedenheit und Wertschätzung empfinden würden?
   [Hinweis: Wird im Ergebnisbericht der Abteilung angedruckt.]

Die Befragung wird jährlich durchgeführt, auf verschiedenen Kommunikationswegen beworben (z. B. Aushänge, Intranet, Führungsnewsletter, Rundmails an alle Kollegen), die Ergebnisse werden zügig nach wenigen Wochen zurückgemeldet und mit umfassender Ergebniskommunikation und vor allem auch Diskussion der Ergebnisse verzahnt. Die Befragung findet in der Regel jeweils im Februar eines Jahres statt, im März liegen die Ergebnisse vor, sodass bereits im April und Mai die Ergebnisbesprechungen in den Teams stattfinden können. Die Gesamtergebnisse auf Organisationsebene werden vollständig in der Mitarbeiterzeitschrift veröffentlicht. Vor der Besprechung der Ergebnisse im Team diskutiert die betroffene Führungskraft die Mitarbeiterbefragung ihres Teams mit der eigenen Führungskraft.

Anhang 3 zeigt einen Ausschnitt aus dem Leitfaden für Führungskräfte zum Umgang mit den Ergebnissen aus der Mitarbeiterbefragung. Mehrere Impulse zielen darauf ab, die Ergebnisse im Team umfassend darzustellen und zu hinterfragen. So wird beispielsweise erfragt, welche Ergebnisse die Teammitglieder überraschen oder ihren Erwartungen entsprechen. Explizit wird nach Wünschen und Anregungen der Teammitglieder gefragt, um kritisch bewertete Punkte zu verbessern. Die Mitarbeiterbefragung ist damit nicht Endpunkt eines Feedbackprozesses, sondern Auftakt. Dabei werden im ersten Termin nur Themen gesammelt, die dann (je nach Bedarf) in weiteren Terminen bearbeitet werden. Mehre Impulsfragen zielen darauf ab, dass am Ende des ersten Termins für alle Beteiligten klar ist, wie es mit den gesammelten Themen weitergeht. Das kann bedeuten, dass die Führungskraft für sich Aufgaben mitnimmt, Anregungen an andere Stellen weitergibt oder das Team in weiteren Terminen an Verbesserungen arbeitet. Für letzteren Fall werden konkrete Anregungen zum Ablauf gegeben. Die Teams haben zudem die Möglichkeit, in den Terminen den Vorgesetzten ihrer eigenen Führungskraft, einen Vertreter der Personalabteilung oder einen Vertreter des Betriebsrats hinzuzuziehen. Dieser Prozess auf der Ebene einzelner Teams wird durch Aktivitäten auf anderen Ebenen ergänzt. Das bedeutet beispielsweise, dass die Geschäftsleitung Themen aufgreift und Arbeitsgruppen zur Entwicklung von Verbesserungen auf Unternehmensebene gebildet werden.

Die aus den Ergebnissen der Mitarbeiterbefragung von WAREMA abgeleiteten Maßnahmen sind vielfältig und beziehen sich auf unterschiedliche Ebenen. So wurden durch zurückliegende Befragungen beispielsweise Verbesserungen im Bereich der Arbeitsplatzergonomie angestoßen, mit einer neuen Betriebsvereinbarung zur Arbeitszeit wurde an mehr Fairness im Umgang mit Überstunden gearbeitet, für die Produktion ein Jahresschichtplan entwickelt, in einem Team eine Ideenbox zur Sammlung von Vorschlägen für gemeinsame Aktivitäten eingeführt und Anregungen für die Gestaltung der Teambesprechungen wurden abgeleitet.

Aus Sicht der Personalabteilung wird die Mitarbeiterbefragung von den Mitarbeitern mit einer Beteiligungsquote von 73 % im Jahr 2020 gut genutzt und trägt durch die Ableitung von Verbesserungen zur Mitarbeiterbindung bei. Von den Verantwortlichen werden hierbei insbesondere zwei Aspekte benannt: In mehreren Teams wurde durch die Mitarbeiterbefragung deutlich, dass sich die Beschäftigten eine Verbesserung der Qualität der Zusammenarbeit mit ihrer Führungskraft wünschen. Diese Anliegen konnten in nachfolgenden Workshops mit den Teammitgliedern und der Führungskraft konkretisiert und Vereinbarungen getroffen werden. In der Folge berichteten die Teammitglieder mehr Zufriedenheit bezüglich der Zusammenarbeit mit ihrer Führungskraft. Zweitens wurde durch die Mitarbeiterbefragung deutlich, dass sich die Beschäftigten mehr Informationen (z. B. zur Strategie, zu den Zielen) wünschen. Daher wurde eine Informationskampagne gestartet (z. B. Videobotschaften der Geschäftsleitung), die bei den Beschäftigten auf positive Resonanz stieß. Sowohl Verbesserungen in der Zusammenarbeit mit Führungskräften wie auch die Verbesserung der Informationspolitik in einer Organisation sind wichtige Einflussfaktoren auf Fluktuation (vgl. Abschnitt 2.1).

5.5   Fallbeispiel: Führungskräftetraining mit den Schwerpunkten Bindungsgespräche und Fluktuationsprävention

Nachfolgend beschreiben wir Auszüge aus Führungskräftetrainings, wie sie bei der Würth Industrie Service (www.wuerth-industrie.com) unter dem Titel „Mitarbeiterbindung" umgesetzt werden. Die Trainings werden in verschiedenen Varianten angeboten. Dabei reicht die Dauer je nach Variante von einem halben bis zu zwei Trainingstagen. Die Trainings werden sowohl als Online-Training angeboten als auch als Präsenztraining umgesetzt. Wir stellen zunächst eine sehr kompakte, didaktisch einfache Variante vor, die sich auch gut als Telefonkonferenz/Videokonferenz ohne große Anforderungen an die verwendete Software umsetzen lässt. Ergänzend beschreiben wir einen Trainingsteil zur Fluktuationsprävention, der bislang in Präsenzvarianten realisiert wurde. Auf die Online-Trainingsvariante und auf den Trainingsteil zu Bindungsgesprächen gehen wir ausführlicher ein.

Der Kasten zeigt den Ablauf des kompakten Trainings, das sich in einem halben Tag gut umsetzen lässt, wobei der zweite Trainingsteil zu Anzeichen von Fluktuationsgefahr in der Regel weniger Zeit in Anspruch nimmt als die anderen Trainingsteile. Im Vorfeld des Trainings werden die Teilnehmer aufgefordert, sich zu folgender Frage Gedanken zu machen und Notizen zum Training mitzubringen: Wie ist es mir schon gelungen, Kolleginnen und Kollegen zu halten?

> ### Agenda Führungskräftetraining bei der Würth Industrie Service GmbH & Co. KG
>
> * *Fluktuationsprävention:* Was kann ich als Führungskraft in meinem Team grundsätzlich für (mehr) Mitarbeiterbindung tun?
> * *Fluktuationsgefahr erkennen:* Welche Anzeichen gibt es?
> * *Bindungsgespräche führen:* Wie gestalte ich Bindungsgespräche? Wie ist es mir schon gelungen, Kolleginnen und Kollegen zu halten? (Vorbereitungsaufgabe)
> * *Transfer:* Anwendung der Trainingsinhalte auf mein Team

Nach Begrüßung und Einleitung geht es im ersten Trainingsteil um *Fluktuationsprävention*. Neben klassischen Elementen einer Begrüßungsrunde, wie Name, Arbeitsbereich, Hobbys etc. empfehlen wir bereits eine Frage zu platzieren, die zum Thema hinführt, zum Beispiel: Was bindet mich persönlich an unser Unternehmen?

Im ersten Trainingsteil erarbeiten die Teilnehmer dann Möglichkeiten, um als Führungskraft relevante Merkmale von Fluktuation positiv zu beeinflussen, zum Beispiel das Teamklima oder ihr eigenes Führungsverhalten. Dazu gibt es Anregungen durch den Trainer, und die Teilnehmer bringen ihre Ideen mit ein. In Online-Trainings kann es hilfreich sein, wenn Teilnehmer ihre Ideen quasi reihum einbringen und dazu vom Trainer direkt angesprochen werden, um Hemmungen abzubauen, sich in Online-Formaten zu Wort zu melden, oder um zu verhindern, dass Teilnehmer gleichzeitig loslegen. Der erste Abschnitt wird abgerundet, indem sich die Teilnehmer überlegen, was sie mit Blick auf ihr Team im Sinne von Fluktuationsprävention konkret angehen möchten. Weiter unten beschreiben wir eine mögliche Variante für diesen Teil, das „Teamnest".

Im zweiten Teil des Trainings stellt der Trainer mittels Präsentation klassische *Anzeichen von Fluktuationsgefahr* vor (vgl. Abschnitt 2.3 und siehe Abbildung 11). Diese werden durch eigene Erfahrungen der Teilnehmer ergänzt. Ziel dieses Abschnitts ist die Sensibilisierung der Führungskräfte für mögliche Anzeichen einer drohenden Kündigung, um möglichst frühzeitig mit betroffenen Mitarbeitern ins Gespräch gehen zu können.

FLUKTUATIONSGEFAHR ANZEICHEN

- Strenge Einhaltung der Arbeitszeiten, Beschränkung auf das erforderliche „Muss"
- Weniger Fokus auf der Arbeit/andere Themen stehen erkennbar mehr im Fokus
- Unerwarteter Rückgang in der Arbeitsproduktivität
- Vermeidung langfristiger Aufgaben/Projekte
- Weniger Motivation und weniger Anstrengungsbereitschaft
- Weniger Teamorientierung (z.B. Hilfe im Team anbieten, sich in Teambesprechungen einbringen, Teamaufgaben übernehmen)
- Weniger Interesse gegenüber der Führungskraft positiv aufzufallen
- Vermehrte Kritik an der Führungskraft
- Negative Veränderung in den Einstellungen/keine Begeisterung für die Unternehmensziele mehr
- Äußerung von Unzufriedenheit mit der Arbeit etc.

© Würth Industrie Service GmbH & Co. KG, Bad Mergentheim

Abbildung 11: Anzeichen Fluktuationsgefahr bei der Würth Industrie Service GmbH & Co. KG (© Würth Industrie Service GmbH & Co. KG, Bad Mergentheim. Der Abdruck erfolgt mit freundlicher Genehmigung.)

Im dritten Teil des Trainings geht es um das *Führen von Bindungsgesprächen*. Zunächst werden Eckpunkte vorgestellt und diskutiert. Der nachfolgende Kasten zeigt die zentralen Punkte.

Eckpunkte Bindungsgespräche bei der Würth Industrie Service GmbH & Co. KG

- Das Thema „Fluktuationsabsichten" offen ansprechen
- Klar signalisieren, dass ich als Führungskraft den Kollegen gerne halten möchte
- Die „Knackpunkte" gemeinsam herausarbeiten
- Realistische Wege aufzeigen und Vorschläge machen
- Vereinbarungen zum weiteren Vorgehen treffen

Dann bringen die Teilnehmer unter Nutzung der Vorbereitungsaufgabe eigene Erfahrungen mit Bindungsgesprächen ein, die schriftlich festgehalten werden (im Online-Training auf digitalem Whiteboard oder Präsentationsfolien):
- Wie ist es mir schon gelungen, Kollegen zu halten?
- Wie haben wir die Fluktuationsabsichten besprochen?
- Wie bin ich vorgegangen?
- Was daran war gut? Was kann ich empfehlen?

Ergänzend werden als Impulse einige Formulierungsideen vom Trainer vorgestellt. Diese dienen in erster Linie dazu, die Haltung zu verdeutlichen, mit der Bindungsgespräche geführt werden sollten: mit Wertschätzung, Interesse und Lösungsorientierung. Explizit wird darauf hingewiesen, dass die Führungskräfte ihre eigenen, für sie passenden Formulierungen finden sollten, die Anregungen dabei aber als Orientierungsrahmen dienen können. Der nachfolgende Kasten zeigt einige der Formulierungen.

Formulierungsansätze für Bindungsgespräche der Würth Industrie Service GmbH & Co. KG

- „Ich möchte dich in jedem Fall bei uns halten. Du machst einen sehr guten Job bei uns und ich möchte gerne noch viele Jahre mit dir arbeiten!"
- „Wie klar bist du in deiner Entscheidung, unser Unternehmen verlassen zu wollen?"
- „Was müsste sich alles verändern, damit du wieder zufrieden bei uns arbeiten kannst?"
- „Was kann ich konkret tun, damit wir weiter miteinander arbeiten können?"
- „Bis wann möchtest du eine finale Entscheidung für dich treffen?"

Darüber hinaus bringen die Teilnehmer weitere Erfahrungen ein, die ihnen ebenfalls für erfolgreiche Bindungsgespräche relevant erscheinen, und die vom Trainer notiert werden (im Online-Training auf digitalem Whiteboard oder Präsentationsfolien). Die folgende Auflistung zeigt beispielhaft eine Auswahl gesammelter Erfahrungen aus einem Training:
- Mögliche negative Wirkungen nach Bindungsgesprächen im Team gut bedenken/unfaire Zugeständnisse vermeiden
- Gespräche unter 4 Augen
- Auf den Punkt kommen: Was sind die Knackpunkte? Was müssen wir tun, damit du deine Entscheidung änderst?
- Den eigenen Vorgesetzten einbeziehen, um die Knackpunkte zu klären
- Muss zügig passieren
- Aufzeigen, was jemand aufgibt (Netzwerk, Freundschaften, bisherige Erfolge, Ansehen im Unternehmen)
- Reduktion des Beschäftigungsgrades: Reflexionsphase unterstützen

Damit verknüpft, werden mögliche Ergebnisse von Bindungsgesprächen gemeinsam notiert. Hierzu bringen die Teilnehmer wiederum eigene Erfahrungen ein, die durch konkrete Beispiele aus der Unternehmenspraxis ergänzt werden. Einige Beispiele für mögliche Ergebnisse von Bindungsgesprächen sind:

- interne Wechsel umsetzen, um die Passung zum Team, zu den Aufgaben, zur Führungskraft zu verbessern oder um Entwicklungsschritte/neue Herausforderungen zu ermöglichen
- Entwicklungsschritte ermöglichen (z. B. veränderte Aufgaben, Fachlaufbahn, passende Weiterbildungen)
- Arbeitsbedingungen verändern (z. B. Nutzung von Homeoffice/mobiles Arbeiten)

Im letzten Teil *(Transfer)* übertragen die Teilnehmer die erarbeiteten Punkte auf ihr eigenes Team anhand der folgenden Fragen und machen sich hierzu persönliche Notizen: (1) Bei welchen Kollegen nehme ich Anzeichen für Fluktuationsgefahr wahr? (2) Welche Fragen könnte ich den Kollegen stellen? (3) Wie kann ich mit der Fluktuationsgefahr umgehen?

Jeder Teilnehmer setzt sich zunächst in Einzelarbeit mit den Fragen auseinander. Im Anschluss werden wichtige Erkenntnisse in Tandemarbeit mit einer anderen Führungskraft geteilt. Im Plenum können abschließend einige Führungskräfte, die das gerne möchten, ihre Arbeitsergebnisse vorstellen, und offene Fragen können geklärt werden.

> Als ergänzende Variante für den ersten Trainingsteil zur Fluktuationsprävention wird in Präsenztrainings ein Instrument genutzt, das unter dem Titel *Teamnest* eingeführt wird. Der Begriff „Teamnest" dient als anschauliche Metapher: Die Führungskräfte werden dazu aufgefordert, sich zu überlegen, wie sie für ihr Team ein möglichst stabiles „Nest" gestalten können, in dem sich die Kollegen so wohlfühlen, dass sie dort gerne bleiben möchten.

Abbildung 12 zeigt das Teamnest, das quasi aus verschiedenen Zweigen besteht, die für Mitarbeiterbindung relevant sind. Die einzelnen Zweige bilden einige, aber nicht alle relevanten Einflussfaktoren auf Fluktuation ab. Ein klarer Schwerpunkt liegt auf Aspekten des Teamklimas (insbesondere „Dank und Anerkennung", „Teamrituale", „Umgangsformen" oder „konstruktive Feedbackkultur"). Auch andere Einflussfaktoren werden im Teamnest aufgegriffen, beispielsweise die Zusammenarbeit mit der Führungskraft („Begleitung durch die Führungskraft", „Einbindung bei Entscheidungen").

Zu jedem Zweig bekommen die Führungskräfte konkretisierende Impulsfragen und werden darum gebeten, zunächst für sich selbst eine Bewertung ihres Teams vorzunehmen und drei Bereiche zu identifizieren, die sie gerne verbessern möchten. Anschließend überlegen sie sich, wie dies geschehen kann und tauschen sich dazu im Tandem mit einer anderen Führungskraft aus. Anhang 4 zeigt die konkretisierenden Fragen und die Instruktion für die Teilnehmer.

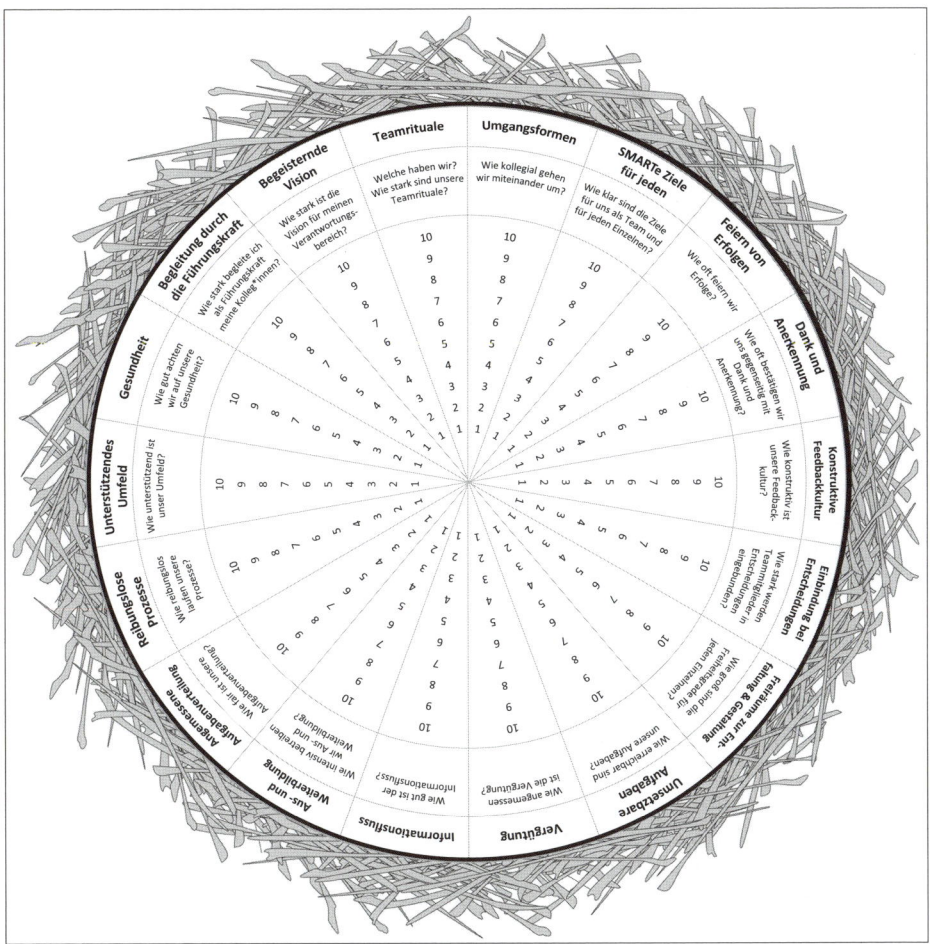

Abbildung 12: Das Teamnest der Würth Industrie Service GmbH & Co. KG (© Würth Industrie Service GmbH & Co. KG, Bad Mergentheim. Der Abdruck erfolgt mit freundlicher Genehmigung.)

Als Variante wird den Teilnehmern vorgeschlagen, das Teamnest durch jedes Teammitglied ausfüllen zu lassen oder das Team um eine gemeinsame Einschätzung zu bitten, um diese Perspektive mit der Sichtweise der Führungskraft abgleichen zu können. Darauf basierend können unterschiedliche Sichtweisen, soweit vorhanden, besprochen und gemeinsam Ansatzpunkte für Verbesserungen entwickelt werden.

Alle Trainings beinhalten am Ende eine Phase, in der sich die Führungskräfte überlegen und auch schriftlich festhalten, welche Anregungen sie für ihre Führungsarbeit mitnehmen und was sie in ihrer Führungsarbeit konkret verändern möchten.

5.6   Fallbeispiel: Austrittsgespräche

Der bei der Würth Industrie Service (www.wuerth-industrie.com) eingesetzte Austrittsgesprächsprozess wurde 2014 entwickelt. Im Folgenden werden der Aufbau des verwendeten Fragebogens (siehe Anhang 5), der dahinterliegende Austrittsgesprächsprozess inklusive Verantwortlichkeiten sowie mehrere auf Basis der Fluktuationsauswertungen umgesetzte Maßnahmen beschrieben.

Aufbau des Austrittsgesprächsfragebogens

Der Austrittsgesprächsbogen beginnt mit *Angaben zur Person:* Name, Bereich, Vorgesetzter und indirekter Vorgesetzter, Ein- und Austrittsdatum, Angaben zum Austrittsgespräch. Es schließen sich Informationen zum Austrittsgespräch inklusive Datenschutzfreigabe (hier nicht veröffentlicht) an. Noch auf der ersten Seite erfolgt die *Erteilung der Freigabe* zum Weiterleiten des ausgefüllten Fragebogens an den direkten und indirekten Vorgesetzten. Wird diese Freigabe nicht gegeben, wird darum gebeten, dem direkten Vorgesetzten durch einen Personalentwicklungsmitarbeiter das Feedback des ausscheidenden Mitarbeiters mündlich mitteilen zu dürfen.

Mit den *Feedbackfragen zur Zufriedenheit* in sechs Bereichen (Tätigkeit, berufliche Entwicklung, Einkommen, direkter Vorgesetzter, Team und Unternehmen) beginnt der Hauptteil. Insgesamt sind es 39 geschlossene Fragen. Die Antwortskala basiert auf dem Schulnotenprinzip (1 = sehr gut bis 6 = ungenügend) ergänzt um die Antwortmöglichkeit „nicht bewertbar“. Bei jedem Block hat der ausscheidende Mitarbeiter die Möglichkeit zur Ergänzung weiterer Punkte und Anmerkungen im offenen Antwortformat. Auf einer 5-stufigen-Skala (sehr wichtig, wichtig, mittel, weniger wichtig, unwichtig) werden anschließend die zentralen *Fluktuationsgründe* abgefragt (23 Items). Inhaltlich sind die Gründe analog zu den Feedback-Items aufgebaut. Diese Aufteilung in Feedbackfragen und Fluktuationsgründe ermöglicht es, nicht nur die Kündigungsgründe zu erfassen, sondern auch detaillierte Informationen über die Hintergründe zu erlangen.

Darauf folgen verschiedene *Aspekte des Kündigungsprozesses.* Die Mitarbeiter werden gefragt, wann die Entscheidung zur Kündigung gefallen ist, inwieweit es ein auslösendes kritisches Ereignis gab und unter welchen Umständen eine Rückkehr ins Unternehmen möglich wäre.

Abschließend werden die ausscheidenden Mitarbeiter gebeten, Angaben zum Bewerbungsprozess (Wie sind Sie auf Ihre neue Stelle aufmerksam geworden?) und zum neuen Arbeitgeber (Was für eine Tätigkeit werden Sie künftig ausüben? Was macht diese und den zukünftigen Arbeitgeber interessant?) zu machen. Diese Informationen haben vor allem für die Personalakquisition Relevanz.

Handelt es sich bei dem ausscheidenden Mitarbeiter um einen Kollegen aus dem Außendienst, schließen sich noch Fragen zum Verkaufsgebiet sowie der Betreuung durch die Führungskräfte bei gemeinsamen Kundenbesuchen an. Dieses Feedback ist für das Vertriebsressort interessant.

Austrittsgesprächsprozess

Der Leiter Personalentwicklung ist für den Austrittsgesprächsprozess verantwortlich. Ihm obliegt es, das Führen und Auswerten der Gespräche zu verfolgen, die regelmäßige Auswertung anzustoßen, die Ergebnisse dreimal im Jahr mit der Geschäftsleitung zu diskutieren, Maßnahmen abzuleiten und deren Umsetzung zu begleiten.

Kollegen aus der Personalentwicklung übernehmen das *Führen der Austrittsgespräche*. Sechs Wochen vor Austritt aus dem Unternehmen werden die austretenden Mitarbeiter telefonisch kontaktiert und um Feedback zum Vorgesetzten sowie dem Unternehmen gebeten. Es wird erläutert, dass das Austrittsgespräch ca. eine Stunde dauern und sich dabei aus einem Fragebogen sowie einem anschließenden Gespräch zusammensetzen wird. Bereits an dieser Stelle wird darauf hingewiesen, dass die Inhalte des Gesprächs streng vertraulich sind und nur durch eine Freigabeerlaubnis des Mitarbeiters nach dessen Austritt an den direkten und indirekten Vorgesetzten weitergeleitet werden.

Nach der Begrüßung und dem Ausfüllen des Fragebogens in einem gesonderten Besprechungsraum gehen Personalentwickler und austretender Mitarbeiter auffällige Antworten (Bewertungen von ausreichend bis ungenügend) zusammen durch. Der Personalentwickler notiert dabei weitere Angaben des Kollegen. Im Anschluss an das Gespräch werden die Rückmeldungen des Kollegen anonym in die entsprechenden Datendateien eingetragen. Liegt die entsprechende Freigabe des Mitarbeiters vor, können die Rückmeldungen des ausgeschiedenen Mitarbeiters darüber hinaus auch personalisiert verwendet werden:

(1) Der gescannte Fragebogen wird den betroffenen Führungskräften gesendet.
(2) Wurde mindestens ein Item mit mangelhaft oder schlechter zurückgemeldet, erfolgt ein Gespräch zwischen Personalentwicklung und der *Führungskraft* des ausgeschiedenen Mitarbeiters[4]:
- Der Kollege aus der Personalentwicklung erläutert die Bedeutsamkeit dieses Gesprächs als Möglichkeit für Führungskraft und Unternehmen, aus dem Feedback etwas zu lernen. Zu Beginn beschreibt die Führungskraft die Fluktuation aus ihrer Sicht anhand der folgenden Fragen: (1) Was hat zur Fluktuation geführt? (2) Wie hat sich die Situation entwickelt? (3) Ist die Fluktuation schmerzhaft für uns oder eher nicht? (4) Was haben Sie aus dieser Fluktuation für Schlussfolgerungen gezogen? (5) Wenn Sie wieder in diese Situation kommen würden, was würden Sie jetzt anders machen?

---

4   Liegt weder eine Freigabe für die Übergabe des Bogens noch für eine mündliche Zusammenfassung vor (siehe Anhang 5), wird kein Feedbackgespräch geführt.

- Je nach Freigabe mit oder ohne ausgefülltem Fragebogen gibt der Personalentwickler der Führungskraft konstruktives Feedback auf Basis der Angaben des ausgeschiedenen Mitarbeiters. Dabei wird auf ein ausgewogenes Verhältnis zwischen positiven Aspekten und Punkten mit Verbesserungspotenzial geachtet.
- Gemeinsam besprechen Personalentwickler und Führungskraft mögliche Ansätze zur Veränderung und definieren gemeinsam Ziele. Im Bedarfsfall werden weitere Maßnahmen (z. B. Coaching, Teamentwicklung) initiiert.
- Das nach dem Gespräch durch den Personalentwickler geschriebene Protokoll wird in der Personalakte der Führungskraft abgelegt.

Dreimal im Jahr werden die Daten von allen in der Zwischenzeit ausgeschiedenen Kollegen aggregiert ausgewertet und in Grafiken aufbereitet durch den Leiter Personalentwicklung mit Kollegen der *Geschäftsleitung* diskutiert. Gemeinsam werden hier mögliche Maßnahmen besprochen und verabschiedet.

Umgesetzte Maßnahmen

Auf Basis der Fluktuationsauswertungen konnten in den letzten Jahren verschiedene Maßnahmen abgeleitet und umgesetzt werden.

Einzelne *Teamleiter* setzten sich Ziele wie:
- regelmäßigere Einzelabstimmungen mit den Teammitgliedern (alle 2 Wochen) durchzuführen,
- jährlich jeden Kollegen an mindestens einem Tag an seinem Arbeitsplatz zu begleiten, um einen direkten Einblick in die konkreten Tätigkeiten, die erlebten Anforderungen etc. zu bekommen,
- Kollegen explizit nach ihren Meinungen zu fragen (z. B. „Wie seht ihr das?", „Gibt es Aspekte, die ich/wir eurer Ansicht nach noch berücksichtigen sollten?").

Unternehmensweit wurden beispielsweise folgende Themen umgesetzt:
- An einem anderen Standort des Unternehmens wurde in der Nähe der Universität ein zusätzliches modernes Büro angemietet und eingerichtet, um für bestehende Mitarbeiter die Arbeitsbedingungen zu verbessern (z. B. kürzerer Weg zur Arbeit), und um die Arbeitgeberattraktivität gegenüber potenziellen Bewerbern zu stärken.
- In den letzten Jahren wurde an der Akzeptanz von unternehmensinternen Wechseln gearbeitet. Berichte über erfolgreiche Wechsel im Mitarbeitermagazin, Gespräche mit Vorgesetzten, Diskussionsrunden mit dem Mittelmanagement und die klarere Definition des Wechselprozesses unterstützten diese Entwicklung.
- Die Regelungen zum Ausgleich von Mehrarbeit wurden konkretisiert und verbessert.
- In Ergänzung zu den bereits seit mehreren Jahren bestehenden Kommunikationstrainings für Teamleiter wurde ein Workshop „Entwicklungsgespräche führen" neu ins Schulungsprogramm integriert.

5.7   Fallbeispiel: Mitarbeiterbindung in der Pflege

Zu wenig Pflegekräfte, Kritik an Arbeitsbedingungen in der Pflege, mehr Anerkennung für Pflegekräfte – dies sind nicht erst seit der Corona-Pandemie gesellschaftlich hochrelevante und politisch stark diskutierte Themen. Krankenhäuser stehen seit vielen Jahren vor der Herausforderung, Pflegekräfte zu finden und langfristig zu binden.

Pflegen ist ein Dienstleitungsberuf. Die Patienten müssen an sieben Tagen in der Woche rund um die Uhr betreut werden. Ausfälle von Mitarbeitern durch Krankheit oder Fluktuation wiegen hier besonders schwer. Fallen Mitarbeiter aus, führt dies zu deutlicher Mehrbelastung für Kollegen. In der Pflege können Aufgaben in der Regel nicht verschoben oder weggelassen werden, wie dies in anderen Arbeitskontexten möglich sein kann. Auch vor diesem Hintergrund haben Ausfall- und Fluktuationsmanagement in der Pflege besonders hohe Relevanz.

In diesem Abschnitt stellen wir einige Ansatzpunkte des Universitätsklinikums Würzburg (www.ukw.de) vor, die mit dem Ziel stärkerer Mitarbeiterbindung in der Pflege umgesetzt werden. Aus Sicht der Pflegedirektion gibt es eine ganze Reihe von Möglichkeiten zur Verbesserung der Mitarbeiterbindung. Wir beschränken uns hier auf eine Auswahl an Aspekten, die aus Sicht der Pflegedirektion besonders relevant sind.

Vereinbarkeit des Pflegeberufs mit Kinderbetreuung und anderen privaten Aufgaben

Um eine frühe Rückkehr (z. B. nach Elternzeit, Pflegezeiten von Angehörigen) zu unterstützen und einen Wechsel in solchen Phasen zu vermeiden (z. B. in berufsfremde Nebenjobs), werden Beschäftigungsmodelle mit einem Beschäftigungsgrad von 10 % bis 100 % angeboten. Das bedeutet, dass ein Wiedereinstieg auch mit einem sehr geringen Beschäftigungsgrad gewünscht ist. Die Kita des Klinikums ermöglicht Kinderbetreuungszeiten, die an die Dienstzeiten der Klinik angepasst sind, sodass eine Betreuung der Kinder im Zeitraum zwischen 6:00 Uhr und 20:00 Uhr gewährleistet wird. Die normalen Öffnungszeiten öffentlicher Kitas und Kindergärten sind für Pflegekräfte oft nicht ausreichend.

Bei der Festlegung der Dienstzeiten wird versucht, die Anliegen der Mitarbeiter stark zu berücksichtigen und kurzfristige Änderungen bei den individuellen Dienstzeiten möglichst zu vermeiden. Über ein Ampelsystem wird dem Mitarbeiter und seiner Führungskraft der jeweilige Stand an Überstunden anschaulich signalisiert, um rechtzeitig und für den Mitarbeiter planbar Überstunden abbauen zu können. In einer eigenen Steuerungsgruppe „Beruf und Familie" werden bestehende Angebote zur Vereinbarkeit von Familie und Beruf reflektiert, weiterentwickelt und neue Ansätze vorgeschlagen. Dabei geht es nicht nur um Kinder, sondern auch um zu pflegende Angehörige.

In Abschnitt 2.1 haben wir die allgemeine Lebenszufriedenheit als wichtigen Einflussfaktor auf Fluktuation herausgestellt. Die hier beschriebenen Maßnahmen, wie sehr differenzierte Beschäftigungsgrade oder passende Kita-Öffnungszeiten, können in diesem Sinne wertvolle Beiträge zur Fluktuationsvermeidung sein.

Weiterbildungs- und Entwicklungsmöglichkeiten

In den letzten Jahren wurden in der Klinik Fachlaufbahnkonzepte etabliert, sodass Pflegekräfte sich heute in Expertenrollen hineinentwickeln können, zum Beispiel als Wundexperten oder als Experten für die Pflege im onkologischen Bereich. Dies schafft neue Entwicklungsmöglichkeiten neben der Führungslaufbahn (z. B. Stationsleitung) oder der klassischen Ausbilderrolle als Praxisanleiter. Neben diesen Entwicklungsmöglichkeiten bietet die hauseigene Akademie eine Vielzahl an Weiterbildungsmöglichkeiten. Anliegen, ein Studium aufnehmen zu wollen, werden unterstützt. Neu ist dabei die Konzeption eines Pflegestudiums, das im besten Fall mit einer Aufwertung des Pflegeberufs einhergeht: mit veränderten Aufgaben, mehr Verantwortung, mehr materieller und immaterieller Anerkennung.

In Abschnitt 2.1 sind wir auf die Bedeutung der Zufriedenheit mit der eigenen beruflichen Karriere eingegangen. Die hier beschriebenen Ansatzpunkte erscheinen geeignet, um diesen wichtigen Einflussfaktor auf Fluktuation positiv zu beeinflussen.

Seit einigen Jahren wird zudem auch Supervision nach komplexen Behandlungssituationen für Pflegeteams angeboten und von den Mitarbeitern gut angenommen. Diese Supervision kann sich auf das Reflektieren eines besonders komplexen Falles beziehen oder auf den Umgang mit schwerer Erkrankung im Allgemeinen. Supervisionen finden sowohl innerhalb der Pflege als auch interprofessionell statt. Darüber hinaus wird der Umgang mit Leid und Tod auch als Einzelsupervision angefragt, wenn das im Krankenhaus Erlebte einen Mitarbeiter überwältigt und es nötig ist, die professionelle Distanz zu halten und die persönlichen Ressourcen zu stärken.

Förderung des Teamklimas und der Zusammenarbeit zwischen Mitarbeitern und Führungskräften

Aus Sicht der Pflegedirektion ist ein gutes Miteinander im Team der wichtigste Bindungsfaktor. Gerade in der Pflege ist es entscheidend, sich im Team aufeinander verlassen zu können, konstruktiv mit Fehlern und Kritik umzugehen und sich untereinander mit Blick auf die fachlichen und emotionalen Herausforderungen der Pflegearbeit zu unterstützen. Führungskräfte, die neu eine Führungsfunktion übernehmen, werden durch Coachingangebote unterstützt. Zudem werden Führungskräfte, die eine Stationsleitung anstreben, in Stationsleitungskursen auf Mitarbeiterführung vorbereitet und in der Entwicklung ihrer Führungskompetenzen gefördert.

Pflegeteams haben die Möglichkeit, Teamtage mit externer Moderation zu nutzen. Mit der Durchführung von monatlichen bis vierteljährlichen Teambesprechungen wird eine Plattform für Informationsaustausch, Rückmeldungen und offene Fragen geschaffen. In Mitarbeiterbefragungen, die ca. alle 3 Jahre umgesetzt werden, werden Anliegen der Mitarbeiter identifiziert, auf den verschiedenen Führungsebenen (inklusive des Vorstands des Klinikums) besprochen und Entscheidungen für konkrete Verbesserungen getroffen. Die Pflegedirektion bemüht sich um einen intensiven, persönlichen Kontakt zu den Stationsleitungen und zu den Kollegen am Patientenbett, um möglichst direkt Anliegen und Sorgen aufnehmen zu können. Die Verbesserung von Führungskompetenzen sowie die Förderung der Qualität der sozialen Interaktionen in Teams sind beides wichtige Einflussfaktoren auf Fluktuation.

Aufwertung des Pflegeberufs

Aus Sicht der Pflegedirektion würde eine Aufwertung des Pflegeberufs mit weiteren Möglichkeiten der Mitarbeiterbindung einhergehen. Mit Aufwertung ist vor allem gemeint, der Pflege mehr Kompetenzen, mehr Entscheidungsfreiheit und mehr Möglichkeiten der Selbstorganisation zu übertragen und dies entsprechend materiell und immateriell anzuerkennen. Ob dies zukünftig geschehen wird und welche langfristigen, berufspolitischen Entwicklungen sich beispielsweise aus der Corona-Pandemie ergeben, ist aktuell noch nicht absehbar. Eine Aufwertung des Pflegeberufs wäre jedoch für die Gestaltung guter Rahmenbedingungen für die Bindung von Pflegekräften sehr relevant.

5.8   Fallbeispiel: Coaching

Was hat Coaching mit der Vermeidung von Fluktuationen zu tun? Suchen nicht eher Menschen einen Coach auf, die sich beruflich neu orientieren möchten? Coachinganlässe können sehr vielfältig sein – dabei kann die Vermeidung von Fluktuationen implizit oder explizit durchaus eine wichtige Rolle spielen.

Wird beispielsweise ein Führungskräftecoaching zwischen einer Führungskraft als Coachee, dessen Vorgesetzten als Auftraggeber und einem Coach vereinbart, so ist das Thema Fluktuation oft unterschwellig präsent. Nicht selten werden solche Coachingprozesse angestoßen, weil großer Veränderungsdruck für den Coachee besteht. So ist die mögliche Fluktuation des Coachees eine zu erwartende Konsequenz, wenn es nicht gelingt, die gewünschten Verbesserungen zu erzielen.

Der Veränderungsdruck kann aus ganz unterschiedlichen Szenarien resultieren. Hier eine Auswahl:

- Der Vorgesetzte des Coachees ist mit der Zusammenarbeit nicht zufrieden und/ oder wünscht sich deutliche Verbesserungen mit Blick auf das Führungsverhalten. Bisherige Gespräche oder Trainings waren nicht ausreichend und das Coaching wird als (letzte) Chance gesehen.
- Der Coachee selbst erlebt Unzufriedenheit mit seiner Arbeitssituation und denkt über einen Wechsel nach. Mit dem Coaching will er sich auf der aktuellen Position noch eine Chance geben.
- Gescheiterte Projekte oder schlechte Teamleistungen führen dazu, dass die Führungskraft in ihrer Eignung infrage gestellt wird, zum Beispiel durch Projektpartner oder durch andere Führungskräfte.
- Eine hohe Fluktuationsquote im Verantwortungsbereich der Führungskraft signalisiert Handlungsbedarf. Die Führungskraft erkennt: Hier stimmt etwas nicht und stellt sich die Frage, was das mit ihr zu tun hat und wie sie damit umgehen kann.

Das folgende Fallbeispiel wurde uns von Christoph Schalk (Diplom-Psychologe, Senior Coach BDP, Master Coach EASC, www.christophschalk.com) zur Verfügung gestellt, der seit 1994 als Coach für Führungskräfte tätig ist. Wir haben dieses Fallbeispiel ausgewählt, weil dabei sowohl Fluktuationsabsichten der Führungskraft als auch Fluktuationsabsichten eines Mitarbeiters eine Rolle spielen. Bemerkenswert ist vor allem das Verhältnis von Aufwand und Nutzen: Der hier beschriebene Coachingprozess beschränkte sich auf vier Coachingtermine mit jeweils 90 Minuten. Im Ergebnis konnte sowohl die ungewollte Fluktuation der Führungskraft als auch des Mitarbeiters abgewendet werden. Im Folgenden beschreiben wir die Situation und skizzieren den Coachingprozess, wobei wir auf die wichtigsten Interventionen eingehen.

Situationsbeschreibung

Martin Wehner (fiktiver Name) ist Verkaufsleiter in einem Modehaus, Mitte 30 und führt ein kleines Team aus Verkäufern. Dabei ist er weiterhin auch selbst sehr erfolgreich im Verkauf aktiv. Die beiden Geschäftsführer schätzen Herrn Wehner einerseits als hervorragenden Verkäufer, gleichzeitig läuft aber die Zusammenarbeit zwischen Herrn Wehner und den beiden Geschäftsführern nicht so richtig rund. Nach Einschätzung der beiden Geschäftsführer funktioniert die Kommunikation nicht gut. Die beiden Geschäftsführer erleben Herrn Wehner in Gesprächen als unüberlegt, unwirsch und sogar aufbrausend.

Herr Wehner führt unter anderem einen neuen Verkäufer, mit dem es ebenfalls Schwierigkeiten in der Kommunikation gibt. In der Interaktion mit dem Mitarbeiter zeigt Herr Wehner ähnliche Verhaltensweisen wie im Umgang mit seinen eigenen Führungskräften, beispielsweise wenn er dem Mitarbeiter Feedback geben möchte oder seine Leistung beurteilt. Sowohl der neue Kollege als auch Herr Wehner erleben die Situation als so schwierig, dass beide Fluktuationsabsichten hegen. Die Geschäftsführer möchten eine Fluktuation von Herrn Wehner sehr gerne verhindern, ebenso eine Fluktuation des neuen Verkäufers.

In einem Gespräch zur Auftragsklärung für das Coaching formulieren die Geschäftsführer und Herr Wehner als Ziel, dass es Herrn Wehner gelingt, sein Kommunikationsverhalten sowohl in Richtung seiner Führungskräfte als auch gegenüber dem neuen Mitarbeiter zu verbessern. Die Geschäftsführer wünschen sich sachlichere, konstruktivere Gespräche. Herr Wehner signalisiert, das Feedback nachvollziehen zu können und an Verbesserungen arbeiten zu wollen.

Erster Coachingtermin: Gesprächstechniken aufbauen und Veränderung der inneren Haltung als Ziele des Coachings

Im ersten Coachingtermin beschreibt Herr Wehner, dass er in Gesprächen mit seinen Führungskräften und auch mit seinen Mitarbeitern immer wieder das Gefühl hat, unter Druck zu geraten. Er fühlt sich in die Enge getrieben. Er weiß in solchen Situationen nicht so recht, was und wie er etwas sagen soll. In der Folge reagiert er dann immer wieder impulsiv. Es kommt zu unpassenden und abwertenden Äußerungen. So formulierte Herr Wehner beispielsweise in einer kontroversen Diskussion mit seinen Führungskräften: „Das ist doch wirklich ein Witz, wie Sie das sehen!" Im Nachgang zu solchen Gesprächen ist Herrn Wehner durchaus bewusst, dass sein Verhalten von seinen Gesprächspartnern als unpassend wahrgenommen wird.

Herr Wehner äußert den Wunsch, konkrete Hilfestellungen für die von ihm als kritisch erlebten Gesprächssituationen zu bekommen. Gleichzeitig wird für ihn im Laufe des ersten Coachingtermins deutlich, dass der erlebte Druck womöglich mehr mit ihm selbst zu tun hat als mit seinen Gesprächspartnern. Er nimmt bei sich selbst ungünstige Einstellungen in solchen Situationen wahr, die dem Motto folgen: „Ich muss schnell eine perfekte Antwort haben!" Hieraus resultiert als zweites Anliegen, an der inneren Haltung in solchen Situationen arbeiten zu wollen.

Zweiter Coachingtermin: An der inneren Haltung arbeiten und Gesprächstechniken einüben

Mithilfe von Techniken des Zürcher Ressourcen Modells (Storch & Krause, 2017; zum Einsatz im Selbstcoaching vgl. Schalk, 2020) erarbeitet Herr Wehner ein Motto, das er für sich selbst als hilfreich und passend in den als kritisch erlebten Gesprächssituationen ansieht: „Ich gönne mir mehr Lockerheit und kann nur dazulernen." Im nächsten Schritt entwickelt der Coachee Ansatzpunkte, um sich das

Motto in den kritischen Situationen verfügbar zu machen. Das auf diese Weise erarbeitete Motto erlebt er in der Coachingsitzung als emotional sehr entlastend.

Neben der Beschäftigung mit der inneren Haltung werden verschiedene Gesprächssituationen genauer betrachtet, und Coachee und Coach überlegen gemeinsam, wie in diesen Situationen eine angemessene und lösungsorientierte Kommunikation konkret aussehen könnte. Als Rahmen dienen dabei die im nachfolgenden Kasten genannten Schritte, die wir anhand eines konkreten Beispiels für ein Feedbackgespräch zwischen Führungskraft und Mitarbeiter verdeutlichen.

Lösungsorientierte Kommunikation in kritischen Gesprächssituationen

1. *Situation beschreiben:* Was ist passiert? Was sind die Fakten? (z. B. „Ich habe gerade gesehen, dass du dich mehrere Minuten lang mit dem Sortieren von Kleidungsstücken beschäftigt hast, während sich gleichzeitig ein Kunde suchend bei uns im Laden umgesehen hat.")
2. *Auswirkungen beschreiben:* Was sind die Auswirkungen der Situation auf mich und andere? (z. B. „Das wirkt auf mich so, als wenn du den Verkaufsraum in dieser Situation nicht so gut im Blick hattest.")
3. *Gefühle ansprechen:* Welche (negativen) Gefühle löst das bei mir aus? (z. B. „Das ärgert mich, weil es an erster Stelle wichtig ist, möglichst direkt auf unsere Kunden zuzugehen und ihnen Hilfe anzubieten.")
4. *Hintergründe erfragen:* Wie sehen Sie die Situation? Was ist Ihre Perspektive? (z. B. „Ich wollte die Aufgabe noch schnell fertigmachen, damit ich das nicht nochmal anpacken muss. An sich ist für mich nachvollziehbar, dass unsere Kunden oberste Priorität haben.")
5. *Folgerungen und Vereinbarungen:* Welche Schlüsse können wir gemeinsam ziehen? Welche Vereinbarungen treffen wir? (z. B. „Wir haben eine gleiche Sichtweise zu den Prioritäten der Aufgaben. Da es genügend Zeiten gibt, in denen keine Kunden im Verkaufsraum sind, kümmern wir uns um die anderen Aufgaben dann, wenn keine Kunden da sind.")

Dritter Coachingtermin: Reflexion der Effekte

Im dritten Coachingtermin wird reflektiert, wie sich das erarbeitete Motto und die Beschäftigung mit den konkreten Gesprächssituationen nach dem zweiten Coachingtermin in der Praxis ausgewirkt hat. Der Coachee erzählt, dass es ihm gelungen sei, mehrere schwierige Gespräche mit seinen Führungskräften und seinem Mitarbeiter mit mehr Lockerheit zu führen. Er empfand in diesen Situationen weniger Anspannung und nahm sein Verhalten als angemessener wahr.

Im nächsten Schritt wird gemeinsam überlegt, wie die Effekte noch verstärkt werden können. Hierbei wird mit Skalierungsfragen gearbeitet: „Auf einer Skala von

1 bis 10, wobei 10 ‚sehr zufrieden' bedeutet, wie zufrieden sind Sie mit ihrem aktuellen Verhalten in den Gesprächssituationen? Was könnten Sie tun, um sich noch einen kleinen Schritt besser zu fühlen?"

Vierter Coachingtermin: Auswertung und Abschluss

Im vierten Coachingtermin geht es um die abschließende Bewertung des Coachingprozesses und die Stabilisierung der Effekte. Dabei stehen die folgenden Fragen im Fokus:
- Was ist nachhaltig besser geworden?
- Was sind die wichtigsten Unterschiede im Vergleich zu früher?
- Was haben Sie gelernt?
- Wie kann das Gelernte langfristig beibehalten werden?

Nach Abschluss des Coachingprozesses berichteten die beiden Geschäftsführer, dass sie eine deutliche Veränderung des Kommunikationsverhaltens von Herrn Wehner in den Gesprächen wahrnehmen konnten, und dass das Coachingziel einer verbesserten Kommunikation in beide Richtungen erreicht wurde. Herr Wehner und sein Mitarbeiter blieben dem Unternehmen weiter erhalten.

Fazit: Führungskräftecoaching und Fluktuationsvermeidung

Das Fallbeispiel veranschaulicht, wie es mit einer zeitlich sehr kompakten Intervention gelingen kann, zu Verbesserungen in der Zusammenarbeit zu gelangen und zu verhindern, dass Fluktuationsabsichten in eine tatsächliche Fluktuation münden. In Abschnitt 2.1 sind wir auf die Relevanz sozialer Interaktionen bei der Arbeit, einer guten Beziehung zum Vorgesetzten und guter Kommunikationsprozesse für Fluktuationsabsichten genauer eingegangen. Es ist wahrscheinlich, dass Verbesserungen in der Zusammenarbeit und Kommunikation ein wichtiger Beitrag zur Fluktuationsvermeidung sein können, was anhand der obigen Falldarstellung sehr anschaulich illustriert werden konnte.

6   Literaturempfehlungen

Felfe, J. (2020). *Mitarbeiterbindung* (2. Aufl.). Göttingen: Hogrefe. https://doi.org/10.1026/025
05-000

Moser, K., Souĉek, R., Galais, N. & Roth, C. (2018). *Onboarding – Neue Mitarbeiter integrieren.*
Göttingen: Hogrefe. https://doi.org/10.1026/02849-000

van Dick, R. (2017). *Identifikation und Commitment fördern* (2. Aufl.). Göttingen: Hogrefe. https://
doi.org/10.1026/02806-000

7 Literatur

Allen, D.G. & Griffeth, R.W. (1999). Job performance and turnover: A review and integrative multi-route model. *Human Resource Management Review, 9*(4), 525–548. https://doi.org/10.1016/S1053-4822(99)00032-7

Apostel, E., Syrek, C.J. & Antoni, C.H. (2018). Turnover intention as a response to illegitimate tasks: The moderating role of appreciative leadership. *International Journal of Stress Management, 25*(3), 234–249. https://doi.org/10.1037/str0000061

Azar, S., Khan, A. & Van Eerde, W. (2018). Modelling linkages between flexible work arrangements' use and organizational outcomes. *Journal of Business Research, 91,* 134–143. https://doi.org/10.1016/j.jbusres.2018.06.004

Baillod, J. & Semmer, N. (1994). Fluktuation und Berufsverläufe bei Computerfachleuten. *Zeitschrift für Arbeits- und Organisationspsychologie, 38*(4), 152–163.

Bain & Company (2014). *Sünden im Zeitmanagement verursachen hohe Kosten.* Verfügbar unter: https://www.bain.com/de/ueber-uns/presse/pressemitteilungen/germany/2014/your-scarcest-resource

Ballinger, G., Craig, E., Cross, R. & Gray, P. (2011). A stitch in time saves nine: Leveraging networks to reduce the costs of turnover. *California Management Review, 53*(4), 111–133. https://doi.org/10.1525/cmr.2011.53.4.111

Banks, G.C., Batchelor, J.H., Seers, A., O'Boyle, E.H., Jr., Pollack, J.M. & Gower, K. (2014). What does team-member exchange bring to the party? A meta-analytic review of team and leader social exchange. *Journal of Organizational Behavior, 35*(2), 273–295. https://doi.org/10.1002/job.1885

Bentein, K., Vandenberghe, C., Vandenberg, R. & Stinglhamber, F. (2005). The role of change in the relationship between commitment and turnover: A latent growth modeling approach. *Journal of Applied Psychology, 90*(3), 468–482. https://doi.org/10.1037/0021-9010.90.3.468

Blau, G. (1994). Developing and testing a taxonomy of lateness behavior. *Journal of Applied Psychology, 79*(6), 959–970. https://doi.org/10.1037/0021-9010.79.6.959

Boos, M., Hardwig, T. & Riethmüller, M. (2017). *Führung und Zusammenarbeit in verteilten Teams.* Göttingen: Hogrefe. https://doi.org/10.1026/02628-000

Bühner, M. (2021). *Einführung in die Test- und Fragebogenkonstruktion* (4. Aufl.). München: Pearson.

Bundesagentur für Arbeit (2021). *Registrierte Arbeitslose und Arbeitslosenquote nach Gebietsstand.* Verfügbar unter: https://www.destatis.de/DE/Themen/Wirtschaft/Konjunkturindikatoren/Lange-Reihen/Arbeitsmarkt/lrarb003ga.html

Buttner, E.H. & Lowe, K.B. (2017). Addressing internal stakeholders' concerns: The interactive effect of perceived pay equity and diversity climate on turnover intentions. *Journal of Business Ethics, 143*(3), 621–633. https://doi.org/10.1007/s10551-015-2795-x

Butts, M.M., Casper, W.J. & Yang, T.S. (2013). How important are work–family support policies? A meta-analytic investigation of their effects on employee outcomes. *Journal of Applied Psychology, 98*(1), 1–25. https://doi.org/10.1037/a0030389

Chang, C.-H., Rosen, C.C. & Levy, P.E. (2009). The relationship between perceptions of organizational politics and employee attitudes, strain, and behavior: A meta-analytic examination. *Academy of Management Journal, 52*(4), 779–801. https://doi.org/10.5465/amj.2009.43670894

Chen, G., Ployhart, R., Thomas, H., Anderson, N. & Bliese, P. (2011). The power of momentum: A new model of dynamic relationships between job satisfaction and turnover intentions. *Academy of Management Journal, 54*(1), 159–181. https://doi.org/10.5465/amj.2011.59215089

Corsten, H. & Roth, S. (Hrsg.). (2012). *Nachhaltigkeit – Unternehmerisches Handeln in globaler Verantwortung*. Wiesbaden: Springer.

Costanza, D. P., Badger, J. M., Fraser, R. L., Severt, J. B. & Gade, P. A. (2012). Generational differences in work-related attitudes: A meta-analysis. *Journal of Business and Psychology, 27*(4), 375–394. https://doi.org/10.1007/s10869-012-9259-4

Currivan, D. B. (1999). The causal order of job satisfaction and organizational commitment in models of employee turnover. *Human Resource Management Review, 9*(4), 495–524. https://doi.org/10.1016/S1053-4822(99)00031-5

Dhanani, L. Y, Beus, J. M. & Joseph, D. L. (2018). Workplace discrimination: A meta-analytic extension, critique, and future research agenda. *Personnel Psychology, 71*(2), 147–179. https://doi.org/10.1111/peps.12254

Donnelly, D. P. & Quinn, J. J. (2006). An extension of Lee and Mitchell's unfolding model of voluntary turnover. *Journal of Organizational Behavior, 27*(1), 59–77. https://doi.org/10.1002/job.367

Earnest, D. R., Allen, D. G. & Landis, R. S. (2011). Mechanisms linking realistic job previews with turnover: A meta-analytic path analysis. *Personnel Psychology, 64*(4), 865–897. https://doi.org/10.1111/j.1744-6570.2011.01230.x

Elsayed-Elkhouly, S. M., Lazarus, H. & Forsythe, V. (1997). Why is a third of your time wasted in meetings? *Journal of Management Development, 16*(9), 672–676. https://doi.org/10.1108/02621719710190185

Farrell, D. & Rusbult, C. E. (1981). Exchange variables as predictors of job satisfaction, job commitment, and turnover: The impact of rewards, costs, alternatives, and investments. *Organizational Behavior and Human Performance, 28*(1), 78–95. https://doi.org/10.1016/0030-5073(81)90016-7

Fasbender, U., Van der Heijden, B. I. J. M. & Grimshaw, S. (2019). Job satisfaction, job stress and nurses' turnover intentions: The moderating roles of on the job and off the job embeddedness. *Journal of Advanced Nursing, 75*(2), 327–337. https://doi.org/10.1111/jan.13842

Felfe, J. (2005). *Charisma, transformationale Führung und Commitment*. Köln: Kölner Studien Verlag.

Felfe, J. (2006). Transformationale und charismatische Führung – Stand der Forschung und aktuelle Entwicklungen. *Zeitschrift für Personalpsychologie, 5*(4), 163–176. https://doi.org/10.1026/1617-6391.5.4.163

Felfe, J. (2009). *Mitarbeiterführung*. Göttingen: Hogrefe.

Felfe, J. (2019). Organisationsdiagnose. In H. Schuler & K. Moser (Hrsg.), *Lehrbuch Organisationspsychologie* (6. Aufl., S. 345–382). Bern: Hogrefe.

Felfe, J. (2020). *Mitarbeiterbindung* (2. Aufl.). Göttingen: Hogrefe. https://doi.org/10.1026/02505-000

Felfe, J. & Franke, F. (2014). *Führungskräftetrainings*. Göttingen: Hogrefe.

Felps, W., Mitchell, T. R., Hekman, D. R., Lee, T. W., Holtom, B. C. & Harman, W. S. (2009). Turnover contagion: How coworkers' job embeddedness and job search behaviors influence quitting. *Academy of Management Journal, 52*(3), 545–561. https://doi.org/10.5465/amj.2009.41331075

Felser, G. (2010). *Personalmarketing*. Göttingen: Hogrefe.

Ferreira, A. I., Martinez, L. F., Lamelas, J. P. & Rodrigues, R. I. (2017). Mediation of job embeddedness and satisfaction in the relationship between task characteristics and turnover: A multilevel study in Portuguese hotels. *International Journal of Contemporary Hospitality Management, 29*(1), 248–267. https://doi.org/10.1108/IJCHM-03-2015-0126

Gaertner, S. (1999). Structural determinants of job satisfaction and organizational commitment in turnover models. *Human Resource Management Review, 9*(4), 479–493. https://doi.org/10.1016/S1053-4822(99)00030-3

Gardner, T. M., Van Iddekinge, C. H. & Hom, P. W. (2018). If you've got leavin' on your mind: The identification and validation of pre-quitting behaviors. *Journal of Management, 44*(8), 3231–3257. https://doi.org/10.1177/0149206316665462

Guan, Y., Jiang, P., Wang, Z., Mo, Z. & Zhu, F. (2017). Self-referent and other-referent career successes, career satisfaction, and turnover intention among Chinese employees: The role of achievement motivation. *Journal of Career Development, 44*(5), 379–393. https://doi.org/10.1177/0894845316657181

Harari, M. B., Manapragada, A. & Viswesvaran, C. (2017). Who thinks they're a big fish in a small pond and why does it matter? A meta-analysis of perceived overqualification. *Journal of Vocational Behavior, 102*, 28–47. https://doi.org/10.1016/j.jvb.2017.06.002

Heavey, A. L., Holwerda, J. A. & Hausknecht, J. P. (2013). Causes and consequences of collective turnover: A meta-analytic review. *Journal of Applied Psychology, 98*(3), 412–453. https://doi.org/10.1037/a0032380

Holtom, B. C., Goldberg, C. B., Allen, D. G. & Clark, M. A. (2017). How today's shocks predict tomorrow's leaving. *Journal of Business and Psychology, 32*(1), 59–71. https://doi.org/10.1007/s10869-016-9438-9

Holtom, B. C., Mitchell, T. R., Lee, T. W. & Eberly, M. B. (2008). Turnover and retention research: A glance at the past, a closer review of the present, and a venture into the future. *The Academy of Management Annals, 2*(1), 231–274. https://doi.org/10.5465/19416520802211552

Holtom, B. C., Mitchell, T. R., Lee, T. W. & Inderrieden, E. J. (2005). Shocks as causes of turnover: What they are and how organizations can manage them. *Human Resource Management, 44*(3), 337–352. https://doi.org/10.1002/hrm.20074

Hom, P. W., Lee, T. W., Shaw, J. D. & Hausknecht, J. P. (2017). One hundred years of employee turnover theory and research. *Journal of Applied Psychology, 102*(3), 530–545. https://doi.org/10.1037/apl0000103

Hom, P. W., Mitchell, T. R., Lee, T. W. & Griffeth, R. W. (2012). Reviewing employee turnover: Focusing on proximal withdrawal states and an expanded criterion. *Psychological Bulletin, 138*(5), 831–858. https://doi.org/10.1037/a0027983

Hossiep, R., Zens, J. & Berndt, W. (2020). *Mitarbeitergespräche. Motivierend, wirksam, nachhaltig* (2. Aufl.). Göttingen: Hogrefe. https://doi.org/10.1026/03002-000

Hulin, C. L., Roznowski, M & Hachiya, D. (1985). Alternative opportunities and withdrawal decisions: Empirical and theoretical discrepancies and an integration. *Psychological Bulletin, 97*(2), 233–250. https://doi.org/10.1037/0033-2909.97.2.233

Institut für Arbeitsmarkt- und Berufsforschung (2021). *IAB-Stellenerhebung*. Verfügbar unter: https://www.iab.de/de/befragungen/stellenangebot.aspx

Jiang, K., Liu, D., McKay, P. F., Lee, T. W. & Mitchell, T. R. (2012). When and how is job embeddedness predictive of turnover? A meta-analytic investigation. *Journal of Applied Psychology, 97*(5), 1077–1096. https://doi.org/10.1037/a0028610

Kauffeld, S. & Lehmann-Willenbrock, N. (2012). Meetings matter: Effects of team meetings on team and organizational success. *Small Group Research, 43*(2), 130–158. https://doi.org/10.1177/1046496411429599

Kim, S. Y. & Fernandez, S. (2017). Employee empowerment and turnover intention in the U.S. federal bureaucracy. *American Review of Public Administration, 47*(1), 4–22. https://doi.org/10.1177/0275074015583712

Kim, S., Tam, L., Kim, J.-N. & Rhee, Y. (2017). Determinants of employee turnover intention: Understanding the roles of organizational justice, supervisory justice, authoritarian organizational culture and organization employee relationship quality. *Corporate Communications: An International Journal, 22*(3), 308-328. https://doi.org/10.1108/CCIJ-11-2016-0074

Kleinmann, M. & König, C. (2018). *Selbst- und Zeitmanagement.* Göttingen: Hogrefe. https://doi.org/10.1026/01494-000

Knaese, B. & Probst, G. (2001). Wissensorientiertes Management der Mitarbeiterfluktuation. *Zeitschrift Führung und Organisation, 70*(1), 35-41.

Kowling, A. (1989). Fehlzeiten und Fluktuation. In H. Strutz (Hrsg.), *Handbuch Personalmarketing* (S. 84-97). Wiesbaden: Gabler.

Krackhardt, D., McKenna, J., Porter, L.W. & Steers, R.M. (1981) Supervisory behavior and employee turnover: A field experiment. *The Academy of Management Journal, 24*(2), 249-259. https://doi.org/10.5465/255839

Kraemer, T., Gouthier, M.H.J. & Heidenreich, S. (2017). Proud to stay or too proud to stay? How pride in personal performance develops and how it affects turnover intentions. *Journal of Service Research, 20*(2), 152-170. https://doi.org/10.1177/1094670516673158

Kumar, M., Jauhari, H., Rastogi, A. & Sivakumar, S. (2018). Managerial support for development and turnover intention: Roles of organizational support, work engagement and job satisfaction. *Journal of Organizational Change Management, 31*(1), 135-153. https://doi.org/10.1108/JOCM-06-2017-0232

Kuvaas, B., Buch, R., Gagne, M., Dysvik, A. & Forest, J. (2016). Do you get what you pay for? Sales incentives and implications for motivation and changes in turnover intention and work effort. *Motivation and Emotion, 40*(5), 667-680. https://doi.org/10.1007/s11031-016-9574-6

Kwakman, K. (2001). Work stress and work-based learning in secondary education: Testing the Karasek model. *Human Resource Development International, 4*(4), 487-501. https://doi.org/10.1080/13678860010004123

Leach, D.J., Rogelberg, S.G., Warr, P.B. & Burnfield, J.L. (2009). Perceived meeting effectiveness: The role of design characteristics. *Journal of Business Psychology, 24*(1), 65-76. https://doi.org/10.1007/s10869-009-9092-6

Lee, T.W., Burch, T.C. & Mitchell, T.R. (2014). The story of why we stay: A review of job embeddedness. *Annual Review of Organizational Psychology and Organizational Behavior, 1*(1), 199-216. https://doi.org/10.1146/annurev-orgpsych-031413-091244

Lee, T.W. & Mitchell, T.R. (1994). An alternative approach: The unfolding model of voluntary employee turnover. *Academy of Management Review, 19*(1), 51-89. https://doi.org/10.5465/amr.1994.9410122008

Lee, T.W., Mitchell, T.R., Holtom, B.C., McDaniel, L.S. & Hill, J.W. (1999). The unfolding model of voluntary turnover: A replication and extension. *Academy of Management Journal, 42*(4), 450-462.

Lee, T.W., Mitchell, T.R., Sablynski, C.J., Burton, J.P. & Holtom, B.C. (2004). The effects of job embeddedness on organizational citizenship, job performance, volitional absences, and voluntary turnover. *Academy of Management Journal, 47*(5), 711-722.

Lee, T.W., Mitchell, T.R., Wise, L. & Fireman, S. (1996). An unfolding model of voluntary employee turnover. *Academy of Management Journal, 39*(1), 5-36.

Leunissen, J.M., Sedikides, C., Wildschut, T. & Cohen, T.R. (2018). Organizational nostalgia lowers turnover intentions by increasing work meaning: The moderating role of burnout. *Journal of Occupational Health Psychology, 23*(1), 44-57. https://doi.org/10.1037/ocp0000059

Liu, D., Mitchell, T. R., Lee, T. W., Holtom, B. C. & Hinkin, T. R. (2012). When employees are out of step with coworkers: How job satisfaction trajectory and dispersion influence individual- and unit-level voluntary turnover. *Academy of Management Journal, 55*(6), 1360–1380. https://doi.org/10.5465/amj.2010.0920

Lohaus, D. (2009). *Leistungsbeurteilung.* Göttingen: Hogrefe.

Lohaus, D. (2010). *Outplacement.* Göttingen: Hogrefe.

Louis, M. R. (1980). Surprise and sense making: What new-comers experience in entering unfamiliar organizational settings. *Administrative Science Quarterly, 25*(2), 226–251. https://doi.org/10.2307/2392453

March, J. G. & Simon, H. A. (1958). *Organizations.* New York: Wiley.

Meyer, J. P., Stanley, D. J., Herscovitch, L. & Topolnytsky, L. (2002). Affective, continuance, and normative commitment to the organization: A meta-analysis of antecedents, correlates, and consequences. *Journal of Vocational Behavior, 61*(1), 20–52. https://doi.org/10.1006/jvbe.2001.1842

Meyer, J. P., Stanley, D. J., McInnis, K., Jackson, T. A., Chris, A. & Anderson, B. (2014, June). *Employee commitment & behavior across cultures: A meta-analysis.* Paper presented at the 28th International Congress of Applied Psychology (ICAP), Paris, France.

Miller, B. K., Rutherford, M. A. & Kolodinsky, R. W. (2008). Perceptions of organizational politics: A meta-analysis of outcomes. *Journal of Business and Psychology, 22*(3), 209–222. https://doi.org/10.1007/s10869-008-9061-5

Moazami-Goodarzi, A., Nurmi, J.-E., Mauno, S., Aunola, K., & Rantanen, J. (2019). Longitudinal latent profiles of work–family balance: Examination of antecedents and outcomes. *International Journal of Stress Management, 26*(1), 65–77. https://doi.org/10.1037/str0000093

Moen, P., Lee, S.-R., Oakes, J. M., Fan, W., Bray, J., Almeida, D., Hammer, L., Hurtado, D., Buxton, O. & Kelly, E. L. (2017). Can a flexibility/support initiative reduce turnover intentions and exits? Results from the work, family, and health network. *Social Problems, 64*(1), 53–85. https://doi.org/10.1093/socpro/spw033

Moon, K.-K. (2017). Fairness at the organizational level: Examining the effect of organizational justice climate on collective turnover rates and organizational performance. *Public Personnel Management, 46*(2), 118–143. https://doi.org/10.1177/0091026017702610

Morrell, K. (2005). Towards a typology of nursing turnover: The role of shocks in nurses' decision to leave. *Journal of Advanced Nursing, 49*(3), 315–322. https://doi.org/10.1111/j.1365-2648.2004.03290.x

Morrell, K., Loan-Clarke, J. & Wilkinson, A. (2004). The role of shocks in employee turnover. *British Journal of Management, 15*(4), 335–349. https://doi.org/10.1111/j.1467-8551.2004.00423.x

Morrow, P. C., McElroy, J. C., Laczniak, K. S. & Fenton, J. B. (1999). Using absenteeism and performance to predict employee turnover: Early detection through company records. *Journal of Vocational Behavior, 55*(3), 358–374. https://doi.org/10.1006/jvbe.1999.1687

Moser, K., Souček, R., Galais, N. & Roth, C. (2018). *Onboarding – Neue Mitarbeiter integrieren.* Göttingen: Hogrefe. https://doi.org/10.1026/02849-000

Moser, K., Souček, R. & Hassel, A. (2014). Berufliche Entwicklung und organisationale Sozialisation. In H. Schuler & U. P. Kanning (Hrsg.), *Lehrbuch der Personalpsychologie* (3. Aufl., S. 449–500). Göttingen: Hogrefe.

Müller, K., Kempen, R. & Straatmann, T. (2021). *Mitarbeiterbefragung. Organisationales Feedback wirksam gestalten.* Göttingen: Hogrefe. https://doi.org/10.1026/03016-000

Ng, T. W. H. (2016). Embedding employees early on: The importance of workplace respect. *Personnel Psychology, 69*(3), 599–633. https://doi.org/10.1111/peps.12117

Ng, T. W. H., Yam, K. C. & Aguinis, H. (2019). Employee perceptions of corporate social responsibility: Effects on pride, embeddedness, and turnover. *Personnel Psychology, 72*(1), 107–137. https://doi.org/10.1111/peps.12294

Odermatt, I., Kleinmann, M., König, C. J. & Giger, K. P. (2013). Erfolgreiche Meetingvorbereitung – Worauf kommt es an? *Report Psychologie, 38*(1), 8–16.

Odermatt, I., König, C. J. & Kleinmann, M. (2016). Development and validation of the Zurich Meeting Questionnaire (ZMQ). *European Review of Applied Psychology, 66*(5), 219–232.3. https://doi.org/10.1016/j.erap.2016.06.003

O'Reilly, C. A., Caldwell, D. F. & William, P. (1989). Work group demography, social integration, and turnover. *Administrative Science Quarterly, 34*(1), 21–37. https://doi.org/10.2307/2392984

Park, T.-Y. & Shaw, J. D. (2013). Turnover rates and organizational performance: A meta-analysis. *Journal of Applied Psychology, 98*(2), 268–309. https://doi.org/10.1037/a0030723

Perreira, T. A., Whitney, B. & Herbert, M. (2018). The employee retention triad in health care: Exploring relationships amongst organisational justice, affective commitment and turnover intention. *Journal of Clinical Nursing, 27*(7-8), 1451–1461. https://doi.org/10.1111/jocn.14263

Pissaris, S., Heavey, A. & Golden, P. (2017). Executive pay matters: Looking beyond the CEO to explore implications of pay disparity on non-CEO executive turnover and firm performance. *Human Resource Management, 56*(2), 307–327. https://doi.org/10.1002/hrm.21766

Podsakoff, N. P., LePine, J. A. & LePine, M. A. (2007). Differential challenge stressor-hindrance stressor relationships with job attitudes, turnover intentions, turnover, and withdrawal behavior: A meta-analysis. *Journal of Applied Psychology, 92*(2), 438–454. https://doi.org/10.1037/0021-9010.92.2.438

Porter, L. W. & Steers, R. M. (1973). Organizational, work, and personal factors in employee turnover and absenteeism. *Psychological Bulletin, 80*(2), 151–176. https://doi.org/10.1037/h0034829

Porter, C. M., Woo, S. E., Allen, D. G. & Keith, M. G. (2019). How do instrumental and expressive network positions relate to turnover? A meta-analytic investigation. *Journal of Applied Psychology, 104*(4), 511–536. https://doi.org/10.1037/apl0000351

Porter, C. M., Woo, S. E. & Campion, M. A. (2016). International and external networking differentially predict turnover through job embeddedness and job offers. *Personnel Psychology, 69*(3), 635–672. https://doi.org/10.1111/peps.12121

Price, J. L. & Mueller, C. W. (1981). A causal model of turnover for nurses. *The Academy of Management Journal, 24*(3), 543–565.

Probst, T. M., Stewart, S. M., Gruys, M. L. & Tierney, B. W. (2007). Productivity, counterproductivity and creativity: The ups and downs of job insecurity. *Journal of Occupational and Organizational Psychology, 80*(3), 479–497. https://doi.org/10.1348/096317906X159103

Prühs, F. (1989). Abschlußgespräch. In H. Strutz (Hrsg.), *Handbuch Personalmarketing* (S. 98–103). Wiesbaden: Gabler.

Raeder, S. & Grote, G. (2012). *Der psychologische Vertrag.* Göttingen: Hogrefe.

Ransweiler, S. (2011). Nach dem Abschied eng verbunden. *Personalmagazin, 10*, 37–39.

Rathi, N. & Lee, K. (2017). Understanding the role of supervisor support in retaining employees and enhancing their satisfaction with life. *Personnel Review, 46*(8), 1605–1619. https://doi.org/10.1108/PR-11-2015-0287

Reina, C. S., Rogers, K. M., Peterson, S. J., Byron, J. & Hom, P. W. (2018). Quitting the boss? The role of manager influence tactics and employee emotional engagement in voluntary turnover. *Journal of Leadership and Organizational Studies, 25*(1), 5–18. https://doi.org/10.1177/1548051817709007

Renaud, S., Morin, L. & Béchard, A. (2017). Traditional benefits versus perquisites: A longitudinal test of their differential impact on employee turnover. *Journal of Personnel Psychology, 16*(2), 91–103. https://doi.org/10.1027/1866-5888/a000180

Rockstuhl, T., Dulebohn, J.H., Ang, S. & Shore, L.M. (2012). Leader–Member Exchange (LMX) and culture: A meta-analysis of correlates of LMX across 23 countries. *Journal of Applied Psychology, 97*(6), 1097–1130. https://doi.org/10.1037/a0029978

Rogelberg, S.G., Allen, J.A., Shanock, L., Scott, C. & Shuffler, M. (2010). Employee satisfaction with meeting: A contemporary facet of job satisfaction. *Human Resource Management, 49*(2), 149–172. https://doi.org/10.1002/hrm.20339

Rogelberg, S.G., Scott, C. & Kello, J. (2007). The science and fiction of meetings. *MIT Sloan Management Review, 48*(2), 18–21.

Rubenstein, A.L., Eberly, M.B., Lee, T.W. & Mitchell, T.R. (2018). Surveying the forest: A meta-analysis, moderator investigation, and future-oriented discussion of the antecedents of voluntary employee turnover. *Personnel Psychology, 71*(1), 23–65. https://doi.org/10.1111/peps.12226

Rudolph, C.W, Lavigne, K.N., Katz, I.M. & Zacher, H. (2017). Linking dimensions of career adaptability to adaptation results: A meta-analysis. *Journal of Vocational Behavior, 102*, 151–173. https://doi.org/10.1016/j.jvb.2017.06.003

Sahu, S., Pathardikar, A. & Kumar, A. (2018). Transformational leadership and turnover: Mediating effects of employee engagement, employer branding, and psychological attachment. *Leadership & Organization Development Journal, 39*(1), 82–99. https://doi.org/10.1108/LODJ-12-2014-0243

Schalk, C. (2020). *Ihr bester Coach sind Sie selbst*. Berlin: epubli.

Schaubroeck, S., Cotton, J.L. & Jennings, K.R. (1989). Antecedents and consequences of role stress: A covariance structure analysis. *Journal of Organizational Behavior, 10*(1), 35–58. https://doi.org/10.1002/job.4030100104

Storch, M. & Krause, F. (2017). *Selbstmanagement – ressourcenorientiert. Grundlagen und Trainingsmanual für die Arbeit mit dem Zürcher Ressourcen Modell (ZRM)* (6. Aufl.). Bern: Hogrefe.

Schuler, H. & Mussel, P. (2016). *Einstellungsinterviews vorbereiten und durchführen*. Göttingen: Hogrefe. https://doi.org/10.1026/02397-000

Schyns, B. & Schilling, J. (2013). How bad are the effects of bad leaders? A meta-analysis of destructive leadership and its outcomes. *The Leadership Quarterly, 24*(1), 138–158. https://doi.org/10.1016/j.leaqua.2012.09.001

Semmer, N.K., Baillod, J., Stadler, R. & Gail, K. (1996). Fluktuation bei Computerfachleuten: Eine follow-up Studie. *Zeitschrift für Arbeits- und Organisationspsychologie, 40*(4), 190–199.

Semmer, N.K., Elfering, A., Baillod, J., Berset, M. & Beehr, T.A. (2014). Push and pull motivations for quitting. *Zeitschrift für Arbeits- und Organisationspsychologie, 58*(4), 173–185. https://doi.org/10.1026/0932-4089/a000167

Semmer, N.K. & Jacobshagen, N. (2010). Feedback im Arbeitsleben – eine Selbstwert-Perspektive. *Gruppendynamik und Organisationsberatung, 41*(1), 39–55. https://doi.org/10.1007/s11612-010-0104-9

Sender, A., Rutishauser, L. & Staffelbach, B. (2018). Embeddedness across contexts: A two country study on the additive and buffering effects of job embeddedness on employee turnover. *Human Resource Management Journal, 28*(2), 340–356. https://doi.org/10.1111/1748-8583.12183

Shaukat, R., Yousaf, A. & Sanders, K. (2017). Examining the linkages between relationship conflict, performance and turnover intentions: Role of job burnout as a mediator. *International Journal of Conflict Management, 28*(1), 4–23. https://doi.org/10.1108/IJCMA-08-2015-0051

Steers, R. M. & Mowday, R. T. (1981). Employee turnover and post-decision accommodation process. In L. L. Cummings & B. M. Staw (Eds.), *Research in Organizational Behavior* (pp. 235–281). Greenwich, CT: JAI Press.

Steffens, N. K., Yang, J., Jetten, J., Haslam, S. A. & Lipponen, J. (2018). The unfolding impact of leader identity entrepreneurship on burnout, work engagement, and turnover intentions. *Journal of Occupational Health Psychology, 23*(3), 373–387. https://doi.org/10.1037/ocp0000090

Stegmaier, R. (2016). *Management von Veränderungsprozessen*. Göttingen: Hogrefe.

Tanova, C. & Holtom, B. C. (2008). Using job embeddedness factors to explain voluntary turnover in four European countries. *The International Journal of Human Resource Management, 19*(9), 1553–1568. https://doi.org/10.1080/09585190802294820

Valentine, S. & Godkin, L. (2017). Banking employees' perceptions of corporate social responsibility, value-fit commitment, and turnover intentions: Ethics as social glue and attachment. *Employee Responsibilities and Rights Journal, 29*(2), 51–71. https://doi.org/10.1007/s10672-017-9290-8

van Dick, R. (2017). *Identifikation und Commitment fördern* (2. Aufl.). Göttingen: Hogrefe. https://doi.org/10.1026/02806-000

Van Iddekinge, C. H., Roth, P. L., Putka, D. H. & Lanivich, S. E. (2011). Are you interested? A meta-analysis of relations between vocational interests and employee performance and turnover. *Journal of Applied Psychology, 96*(6), 1167–1194. https://doi.org/10.1037/a0024343

Vardaman, J. M., Taylor, S., Allen, D., Gondo, M. B. & Amis, J. (2015). Translating intentions to behavior: The interaction of network structure and behavioral intentions in understanding employee turnover. *Organization Science, 26*(4), 1177–1191. https://doi.org/10.1287/orsc.2015.0982

Wegge, J. (2014). Gruppenarbeit und Management von Teams. In H. Schuler & U. P. Kanning (Hrsg.), *Lehrbuch der Personalpsychologie* (3. Aufl., S. 933–984). Göttingen: Hogrefe.

Weitz, J. (1956). Job expectancy and survival. *Journal of Applied Psychology, 40*(4), 245–247. https://doi.org/10.1037/h0048082

Yang, W.-N., Niven, K. & Johnson, S. (2019). Career plateau: A review of 40 years of research. *Journal of Vocational Behavior, 110*, 286–302. https://doi.org/10.1016/j.jvb.2018.11.005

Zhao, H., Wayne, S. J., Glibkowski, B. C. & Bravo, J. (2007). The impact of psychological contract breach on work-related outcomes: A meta-analysis. *Personnel Psychology, 60*(3), 647–680. https://doi.org/10.1111/j.1744-6570.2007.00087.x

Zimmerman, R. D. (2008). Understanding the impact of personality traits on individuals' turnover decisions: A meta-analytic path model. *Personnel Psychology, 61*(2), 309–348. https://doi.org/10.1111/j.1744-6570.2008.00115.x

Zimmerman, R. D. & Darnold, T. C. (2009). The impact of job performance on employee turnover intentions and the voluntary turnover process: A meta analysis and path model. *Personnel Review, 38*(2), 142–158. https://doi.org/10.1108/00483480910931316

8 Anhang

Anhang 1: Anregungen zur Erhebung quantitativer Daten für die Analyse von Fluktuationsgründen

Ein wichtiger Kündigungsgrund war für mich ...	trifft voll und ganz zu	trifft überwiegend zu	trifft teils-teils zu	trifft überwiegend nicht zu	trifft überhaupt nicht zu
... die Zusammenarbeit im Team.	☐	☐	☐	☐	☐
... die Zusammenarbeit mit meiner Führungskraft.	☐	☐	☐	☐	☐
... Stresserleben bei meiner Arbeit.	☐	☐	☐	☐	☐
... mein Aufgabenpaket (z.B. zu wenig vielfältig, unwichtige/nicht nachvollziehbare Aufgaben, unangemessene Aufgaben, zu wenig Freiheitsgrade).	☐	☐	☐	☐	☐
... mein Gehalt.	☐	☐	☐	☐	☐
... zu wenig immaterielle Anerkennung.	☐	☐	☐	☐	☐
... fehlende Entwicklungsmöglichkeiten.	☐	☐	☐	☐	☐
... unpassende/zu wenig Lern- und Weiterbildungsmöglichkeiten.	☐	☐	☐	☐	☐
... das Betriebsklima.	☐	☐	☐	☐	☐
... mangelnde Fairness im Unternehmen.	☐	☐	☐	☐	☐
... die Vereinbarkeit meiner Arbeit mit anderen Rollen und Interessen (z.B. räumlicher Veränderungswunsch des Partners, Familienarbeit wie Pflege von Angehörigen oder Kinderbetreuung, Auszeit von der Arbeit).	☐	☐	☐	☐	☐
... eine grundlegende Veränderung meiner beruflichen Rolle (z.B. Aufnahme eines Vollzeitstudiums, Gründung eines eigenen Unternehmens, Erlernen eines neuen Berufs).	☐	☐	☐	☐	☐

Anhang 2: Leitfaden zur Durchführung eines Entwicklungsgesprächs[5] von Great Place to Work® Deutschland

Name Mitarbeiter/in:

Great Place to Work® Deutschland Entwicklungsgespräch (MEG)   1/5

Name:

Führungskraft:

Datum Gespräch:

Einleitung

Im Mitarbeitendenentwicklungsgespräch (MEG) besprichst du mit deiner Führungskraft deine persönliche und berufliche Entwicklung bei GPTW Deutschland. Das hat zum Ziel, deine Entwicklung in sinnvoller Art und Weise zu unterstützen. Das MEG besteht aus einem einstündigen Termin und darauffolgenden MEG-Stand-der-Dinge-Gesprächen in ca. zweimonatigem Abstand.

Dieser Gesprächsleitfaden soll dich und deine Führungskraft in der Durchführung des Entwicklungsgespräches unterstützen und dient gleichzeitig als Protokollvorlage.

Zur Vorbereitung des MEGs unterstützen darüber hinaus folgende Dokumente (du findest alle auch auf der HR-Sharepointseite abgelegt):
- Ablaufplan des MEGs
- MEG-Protokoll aus dem letzten Jahr (melde dich hierfür gerne bei Personal)
- GPTW Deutschland Positionenmodell
- Kurzübersicht der PE-Instrumente @ GPTW Deutschland
- Zielorientierung @ GPTW Deutschland
- Optional: Dein Peer-Feedback

---

5 © Great Place to Work® Deutschland GmbH, Köln. Der Abdruck erfolgt mit freundlicher Genehmigung.

Great Place to Work® Deutschland Entwicklungsgespräch (MEG) 2/5

I. Das letzte Entwicklungsgespräch

1. Haben wir den MEG- und MEG-Stand-der-Dinge-Prozess in einer sinnvollen Art und Weise durchgeführt?

2. Haben wir das erreicht, was wir uns im letzten Gespräch bzgl. der persönlichen und beruflichen Entwicklung vorgenommen haben?
   Verwendet hierzu bitte das MEG-Protokoll aus dem letzten Jahr.

Mitarbeiter/in

trifft fast gar nicht zu	trifft über- wiegend nicht zu	teils/teils	trifft über- wiegend zu	trifft fast völlig zu
☐	☐	☐	☐	☐

Führungskraft

trifft fast gar nicht zu	trifft über- wiegend nicht zu	teils/teils	trifft über- wiegend zu	trifft fast völlig zu
☐	☐	☐	☐	☐

Kommentar:

II. Berufliche Erfolge und Herausforderungen aus dem letzten Jahr

1. Was sind deine beruflichen Erfolge aus dem letzten Jahr?

2. Welche deiner persönlichen und fachlichen Qualitäten haben zum Erzielen dieser Erfolge hauptsächlich beigetragen?

3. Was ist im letzten Jahr nicht so gut gelaufen?

4. Inwiefern haben (möglicherweise) Schwächen im Bereich der persönlichen und/oder fachlichen Qualitäten dazu beigetragen?

Great Place to Work® Deutschland Entwicklungsgespräch (MEG)   3/5

III. Potenziale

1. Welches persönliche Potenzial/welche Fähigkeit von dir nutzen wir bisher nicht oder könnten wir besser nutzen?

2. Was möchtest du im nächsten Jahr weniger oder nicht mehr machen?

3. Gibt es etwas, das dich in deiner Entwicklung bei uns behindert?

IV. Deine Entwicklungsziele

In diesem Abschnitt sprecht ihr gemeinsam über deine Entwicklungsziele und legt sie fest. In den MEG-Stand-der-Dinge-Gesprächen könnt ihr eure Zielerreichung und den Weg zur Zielerreichung stetig überprüfen und festhalten.

1. **Hast du bereits eine Vorstellung, was du in den nächsten drei Jahren erreicht haben möchtest?** Das kann sich auf Aufgaben oder das Positionenmodell beziehen.

2. **In welchen speziellen Punkten möchtest du dich innerhalb des <u>nächsten</u> Jahres entwickeln?** Diese Punkte können sowohl fachliche und/oder persönliche Entwicklung betreffen, aber auch Entwicklung in Bezug auf deine Aufgaben, deine Position und deine Zuständigkeiten.

Entwicklungs-punkt 1	Beschreibung	Ziel (möglichst SMARTI formuliert)	Unterstützung (durch die FK, Personal und eigenes Engagement)

Überprüfung in den MEG-Stand-der-Dinge-Gesprächen				
#	Datum	Ampelstatus	Kommentar	Verbleib/Maßnahme
1				
2				
3				

Great Place to Work® Deutschland Entwicklungsgespräch (MEG)   4/5

Entwicklungs-punkt 2	Beschreibung	Ziel (möglichst SMARTI formuliert)	Unterstützung (durch die FK, Personal und eigenes Engagement)

Überprüfung in den MEG-Stand-der-Dinge-Gesprächen

#	Datum	Ampelstatus	Kommentar	Verbleib/Maßnahme
1				
2				
3				

Entwicklungs-punkt 3	Beschreibung	Ziel (möglichst SMARTI formuliert)	Unterstützung (durch die FK, Personal und eigenes Engagement)

Überprüfung in den MEG-Stand-der-Dinge-Gesprächen

#	Datum	Ampelstatus	Kommentar	Verbleib/Maßnahme
1				
2				
3				

3. **Dein Chancenjoker:** Möchtest du deinen Chancenjoker ziehen? Wenn ja, welche Aufgabe würdest du gerne übernehmen?
   Du hast einen Chancenjoker pro Jahr zur Verfügung. Infos zu dem Format findest du in der „Kurzübersicht der PE-Instrumente @ GPTW".

Great Place to Work® Deutschland Entwicklungsgespräch (MEG)		5/5

SMARTI-Beschreibung/-Formulierung (s. ausführliche Beschreibung im Ablaufplan)

Kriterium		Beschreibung
S	Spezifisch	Ziel möglichst spezifisch und konkret beschreiben.
M	Messbar	Auf eindeutige Messbarkeit des Ziels achten.
A	Akzeptiert/ Attraktiv	Festlegung in gemeinsamem Abstimmungsprozess, Akzeptanz von allen Beteiligten. Attraktivität im Sinne des wünschenswerten Zustands für alle Beteiligten. Wirtschaftliche Bedeutsamkeit berücksichtigen, aber auch Qualitatives aufnehmen.
R	Realistisch	Das Ziel sollte anspruchsvoll, aber erreichbar sein. Keine Selbstverständlichkeiten formulieren, sondern Zustände, die Engagement erfordern und alle weiterbringen. Legt in der Regel nicht mehr als 3 Ziele fest. Ein Ziel kann ausreichen.
T	Terminiert	Festlegen, wann das Ziel messbar (s. o.) erreicht worden sein soll.
I	Integriert	Das Ziel sollte sich in die anderen Ziele auf persönlicher Ebene sowie der Team-/Bereichs-/Unternehmensebene einfügen. Zielkonflikte sind zu vermeiden. Gewünscht sind insbesondere Ziele, die einen Beitrag zu den übergeordneten Zielen leisten.

V. Deine Balance

1. Was ist dir außerhalb deiner Arbeit wirklich wichtig?
   Bitte haltet hier Punkte fest, die deine Führungskraft und Kollegen wissen sollten, wenn sie mit dir zusammenarbeiten (z. B. zeitliche Einschränkungen aufgrund von familiären Dingen; Hobbys und persönliche Ziele außerhalb der Arbeit, die du mit der Arbeit in Einklang bringen möchtest, gesundheitliche Einschränkungen usw.)

2. Hier habt ihr die Möglichkeit, über weitere Themen bzgl. der beruflichen und persönlichen Entwicklung zu sprechen.

VI. Vereinbarung des MEG-Stand-der-Dinge-Gesprächs

Bitte vereinbart bereits in diesem Termin das erste MEG-Stand-der-Dinge-Gespräch (beispielsweise in ca. zwei Monaten). Ziel dieses Gesprächs ist ein Kurzcheck anhand dieses Protokolls: Sind wir auf dem richtigen Weg?

An diesem Tag findet das Gespräch statt:

Anhang 3: Leitfaden für die Ergebnisbesprechung einer Mitarbeiterbefragung von WAREMA[6] (in Auszügen)

Ergebnisbesprechung Mitarbeiterbefragung	1/3

Empfehlung zum Ablauf Ergebnispräsentation und Diskussion

1. Begrüßung und Einleitung

Die Eröffnung der Ergebnispräsentation erfolgt durch die Führungskraft (AL oder (F)GL).

Denken Sie daran, dass auch für Ihre Mitarbeiter ein solcher Termin eine ungewohnte Situation sein kann und Unsicherheit besteht. Daher gibt Ihre Einleitung eine sehr wichtige Orientierung!

- Erklären Sie den Sinn der Befragung und die Bedeutung des Termins. Weisen Sie darauf hin, dass Sie als Führungskraft nicht ohne Unterstützung der Mitarbeiter Verbesserungen erzielen können und dass der Termin zentral für das weitere Vorgehen ist.
- Ermutigen Sie die Kollegen, sich offen zu äußern.
- Andererseits kann und muss nicht jeder schlecht bewertete Aspekt sofort behoben werden. Die Veränderungen müssen im Bereich des Möglichen und Sinnvollen stattfinden und nach Wichtigkeit priorisiert werden – dies ist Ihre gemeinsame Aufgabe als Team.

2. Vorstellung der Ergebnisse (Rücklaufquote, Befragungsergebnisse)

Rücklaufquote

- Stellen Sie die Rücklaufquote der WAREMA Gesamt sowie von Ihrem Bereich vor (Beteiligungszahlen).
- Bedanken Sie sich bei Ihren Kollegen für die Beteiligung und das Feedback.
- Wenn die Teilnahmezahlen in Ihrer Abteilung Besonderheiten aufweisen, thematisieren Sie diese (z. B. geringe Beteiligung).
- Ermuntern Sie – auch und vor allem bei geringer Teilnahme an der Befragung – zur Teilnahme an der Diskussion, um das Stimmungsbild und ggf. vereinbarte Maßnahmen auf eine breite Basis zu stellen.

Ergebnisvorstellung

(Folgend finden Sie Empfehlungen und Tipps. Sie können die Abfolge auch auf Ihre Situation anpassen. Es ist wichtig, dass Sie mit Ihrem Team in den aktiven Austausch kommen!)

> Ziele des Termins: Ergebnisse vorstellen und ein gemeinsames Bild erhalten, in die Diskussion kommen, Stimmungs- und Wahrnehmungsbild visualisieren

- Stellen Sie anhand der Ergebnispräsentation die **Ergebnisse Ihres Bereichs vor** (inkl. der Fragen).
- Sprechen Sie mögliche **Besonderheiten** an.
- **Teilen Sie Ihre Überlegungen** mit Ihrem Team und fragen Sie nach **Feedback:**
  - Was ist besonders auffällig in der Abweichung?
  - Was hat mich überrascht/Was überrascht Euch?
  - Was habe ich genauso erwartet/Was habt ihr genauso erwartet?

---

6   © WAREMA Renkhoff SE, Marktheidenfeld. Der Abdruck erfolgt mit freundlicher Genehmigung.

Ergebnisbesprechung Mitarbeiterbefragung   2/3

- Stellen Sie auch die Antworten der **offenen Fragen** („W-Fragen") vor und klären Sie inhaltliche Fragen.
- Achten Sie darauf, **dass jeder zu Wort kommt.** Sprechen Sie ggf. einzelne Mitarbeiter direkt an und fragen Sie nach deren Wahrnehmung.
  - **Tipp:** Notieren Sie das Feedback/Wahrnehmungen des Teams auf einem Flipchart/einer Metaplanwand zur Visualisierung.
- **Besprechen Sie positives Feedback und sprechen Sie kritisches Feedback/Ergebnisse an**
  - Klären Sie bei den positiven Ergebnissen: Was läuft gut? Warum läuft es gut? Was wollen/können/sollen wir erhalten?
  - Klären Sie bei den kritischen Aspekten: Was läuft ungünstig? Woran wollen wir arbeiten? Was wünschen sich die Beteiligten?
- Ziel heute ist es, nur Themen zu sammeln und einen gemeinsamen Blick auf die Ergebnisse zu bekommen. Entscheiden Sie gemeinsam im Team, ob sie als Abteilungsteam oder als Gruppenteam daran weiter arbeiten wollen. Nutzen Sie bei Bedarf einen 2. Termin dafür (optional).
- Finden Sie in der Diskussion heraus, ob es sich eher um teamspezifische oder evtl. auch um übergreifende (für die Abteilung relevante) Aspekte handelt und arbeiten Sie in den entsprechenden Teams gemeinsam weiter an Handlungsoptionen (im nächsten Termin).

Besonderheit: Feedback zur Führung (auf Abteilungs- und Gruppenebene)

- Machen Sie in jedem Falle Ihren Mitarbeitern deutlich, dass es Ihnen darum geht, zu verstehen, wie das Feedback gemeint ist. Bedanken Sie sich fürs Feedback. Sie haben die Rolle des Feedbacknehmers: aktiv zuhören, zusammenfassen, Verständnis erlangen, Prüfung der Feedbacks in Aussicht stellen (Welche Punkte können/wollen Sie verändern?)

3. Abschluss

- Bedanken Sie sich für das offene Feedback.
- Vereinbaren Sie mit Ihrem Team, ob und wie Sie weiter vorgehen (nächster Schritt/Termin).
  - Wann sprechen Sie wieder über die Inhalte?
  - Wer informiert wen/wann?
  - Wer hat welche Verantwortung?
  - Was müssen wir konkret tun, um uns bei Thema XY zu verbessern?
  - Wollen/brauchen Sie und/oder Ihr Team einen zweiten Termin, um Maßnahmen zu vereinbaren?
- **Tipp:** Sprechen Sie mehrmals im Jahr über die Ergebnisse des Puls Checks und die ggf. vereinbarten Maßnahmen. Prüfen Sie im Team gemeinsam kritisch, ob und wie die Maßnahmen helfen, als Team noch erfolgreicher zu werden. Nutzen Sie die Chance auch Maßnahmen anzupassen.
- Holen Sie am Ende noch Feedback zur Ergebnisbesprechung ein (Ablauf, Stimmung, Inhalt).
  - Dies kann bspw. durch eine Skalenabfrage erfolgen („Auf einer Skala von 1 bis 10: Wie zufrieden seid Ihr mit den Ergebnissen/dem Ablauf/der Stimmung etc.?")

Ergebnisbesprechung Mitarbeiterbefragung   3/3

Optional: Zweiter Gruppentermin

Ziele: gemeinsam Handlungsfelder priorisieren und Maßnahmen ableiten und visualisieren

Klären Sie vorab, ob ein zweiter Termin (zur Definition von Handlungsfeldern und -maßnahmen) auf Abteilungs- oder Gruppenebene stattfinden soll. Sollten Sie bei der Konzeption dieses Termins Unterstützung benötigen, können Sie gerne auf Ihren Personalreferenten oder den Bereich Personalentwicklung zugehen.

Definieren Sie gemeinsam mit Ihrem Team Handlungsfelder. Fokussieren Sie sich dabei auf die zwei bis max. drei wesentlichen Themen!

- Fragen Sie Ihre Mitarbeiter: Was sind die zwei bis drei Themen, die uns aus Eurer Sicht als Team erfolgreicher machen?
  - Formulieren Sie diese Frage offen im Plenum und notieren Sie die Antworten auf einem vorbereiteten Flipchart/Metaplanwand.
  - Alternativ können Sie auch jedem Kollegen 2 Metaplankarten austeilen und jeweils ein Thema pro Karte notieren lassen und dann gemeinsam in der Gruppe besprechen.
  - Machen Sie selbst mit und teilen Sie auch Ihre Überlegungen dazu.
- Einigen Sie sich bitte als Team darauf, welche Themen in den nächsten Schritten bearbeitet werden (Priorisierung) und stimmen Sie dies im Team ab.
  - Abstimmung bspw. durch Bepunktung (Klebepunkte), durch offenen Austausch, durch Handheben, o. Ä.
- Vereinbaren Sie gemeinsam entsprechende und konkrete Maßnahmen.
  - Bilden Sie hierfür Kleingruppen und lassen Sie die Kleingruppen Vorschläge ausarbeiten, die Sie wiederum im Plenum (in der Großgruppe) besprechen und ergänzen können.
- Lassen Sie die Arbeitsgruppen an den folgenden Fragen arbeiten und ihre Ergebnisse schriftlich darstellen:
  - Was ist das Thema?
  - Wie kann/soll daran gearbeitet werden und welcher Schwerpunkt/welches Ziel wird dabei gesetzt?
  - Was soll konkret wie getan/geändert werden und in welchen Situationen?
  - Woran erkennen Sie als Team, dass das Ziel erreicht wurde? Wie erkennt das die Führungskraft, das Team, einzelne Kollegen, Schnittstellen etc.
  - Welche Maßnahmen/Unterstützung werden benötigt?
  - Werden Sie konkret: Wer macht was/wann/bis wann und gibt wem und wie Rückmeldung?
- Kommen Sie anschließend wieder mit allen zusammen ins Plenum und stellen Sie sich gegenseitig die Ergebnisse und Überlegungen dar.
- Klären Sie, ob es noch Ergänzungen und/oder offene Punkte gibt.
- Alternative: Sie können die einzelnen Maßnahmen auch durch einzelne Fokusgruppen außerhalb des Termins erarbeiten lassen und sich in 1–2 Wochen wieder treffen, um die Ergebnisse zu besprechen.

Anhang 4: Das Teamnest der Würth Industrie Service GmbH & Co. KG[7] (weiterführende Fragen)

Das Teamnest	1/4

Was macht ein gutes Team aus? Welche Facetten sind bei der Beurteilung der Qualität eines Teams relevant? Worauf sollte ich als Führungskraft in meinem Team achten?

Das Teamnest beschreibt verschiedene Facetten, die für die Teamqualität relevant sind. Es kann Sie dabei unterstützen, die verschiedenen Dimensionen in den Blick zu nehmen, einzuschätzen, eigene Zielzustände zu definieren oder auch die Meinung von Kollegen einzuholen.

Versinnbildlicht wird das Team durch ein Vogelnest.
- Die einzelnen Facetten sind wichtiges Baumaterial für ein gutes, stabiles Nest.
- Je größer und stabiler das Nest, umso unwahrscheinlicher, dass ein Vogel herausfällt.
- Ein großes Nest als gute Startbasis für herausfordernde Flüge.
- Wer ein gutes Nest hat, kann auch hochfliegen.
- In einem instabilen Nest wird kaum ein Vogel landen, die Vögel, die da sind, fallen womöglich heraus, Start und Landung sind erschwert.

Bitte schätzen Sie auf einer Skala von 1–10 für die folgenden Dimensionen ein, inwieweit diese schon in Ihrem Team gelebt werden. Tragen Sie diesen Wert dann im unten abgebildeten Teamnest ein. Wenn die Dimension gar nicht bis kaum erfüllt ist, machen Sie in der Mitte des Nests bei der 1 ein Kreuz, wenn sie komplett erfüllt ist, am äußeren Rand des Nests bei 10. Wenn Sie zum Schluss alle Kreuze verbinden, sehen Sie, wie groß Ihr Nest ist und an welchen Stellen Sie es noch ausbauen können/sollten.

Begleitung durch die Führungskraft
- Wie stark begleite ich als Führungskraft meine Kollegen?
- Wie viel trage ich zur Entwicklung meiner Kollegen bei?
- Wie sehr unterstütze ich auch langjährige Kollegen?
- Wie stark fördere ich ihre Fähigkeiten?
- Wo stehe ich ihnen im Weg?
- Habe ich ihre Energiereserven im Blick?

Begeisternde Vision
- Gibt es eine übergeordnete, inspirierende Vision für meinen Verantwortungsbereich?
- Inwieweit kann ich meine Kollegen damit begeistern?
- Wie sehr setzen sich die Kollegen selbstmotiviert mit ihren persönlichen Fähigkeiten für unsere Vision ein?

Teamrituale
- Machen wir kleine, nicht ergebnisorientierte Teamveranstaltungen als Zeichen der Wertschätzung der jeweiligen Kollegen?
- Gibt es Rituale, die immer nach demselben Muster ablaufen?
- Werden bei uns Geburtstage, Einstand und Ausstand, Jubiläen und Verabschiedungen von Kollegen und ähnliche Anlässe gefeiert? Wie?

---

7   © Würth Industrie Service GmbH & Co. KG, Bad Mergentheim. Der Abdruck erfolgt mit freundlicher Genehmigung.

Das Teamnest

Umgangsformen
- Wie höflich und kollegial gehen wir miteinander um?
- Pflegen wir gute Umgangsformen im Team?
- Basiert unser Umgang miteinander auf Respekt, Ehrlichkeit und Vertrauen?
- Sind wir offen für andere Meinungen und vorverurteilen wir nicht?
- Gehen wir konstruktiv miteinander um?
- Achten die Teammitglieder intuitiv auf gute Umgangsformen im Team?
- Gibt es negative Verhaltensweisen wie Konflikteskalation, Attacken auf der persönlichen Ebene und destruktive Kritik?

SMARTe Ziele für jeden
- Wie klar sind die Ziele für jeden einzelnen Kollegen?
- Hat jeder spezifische, messbare, attraktive, realistische und terminierte Ziele?
- Handelt es sich sowohl um kurz- und mittelfristige als auch um langfristige Ziele?
- Kann sich jedes Teammitglied mit seinen Zielen identifizieren?
- Ist jedem der Weg zur Zielerreichung klar und wird er von mir begleitet?

Feiern von Erfolgen
- Wie stark feiern wir Erfolge?
- Wie wird ein Erfolg im Team erlebt?
- Empfindet jeder Freude und Stolz?
- Schenken wir Erfolgen – nicht nur den großen, sondern auch den kleinen – genügend Beachtung?
- Wie sehr lobe ich, wenn etwas gut gelaufen ist?
- Feiern wir Erfolge gemeinsam im Team?

Dank und Anerkennung
- Wie oft bestärken wir uns gegenseitig mit Dank und Anerkennung?
- Wie stark wird gute Leistung im Team wahrgenommen?
- Lobe ich zeitnah und spontan?
- Lobe ich richtig, in dem ich nur den Kollegen lobe, der die Leistung erbracht hat?
- Lobe ich mein Gegenüber bei Leistungen, die sowohl für ihn als auch für mich relevant sind?
- Versetze ich mich dazu auch in die Perspektive meiner Kollegen?
- Vermeide ich vergleichendes Lob, das die Arbeit eines anderen abwertet?
- Hebe ich gemeinsame Leistungen des Teams genügend hervor?

Konstruktive Feedbackkultur
- Wie konstruktiv ist unsere Feedbackkultur?
- Gibt es klare Feedbackregeln?
- Wie gut wird Feedback angenommen?
- Wie viel Nutzen zieht der Einzelne aus dem Feedback?
- Wird Feedback regelmäßig gegeben?
- Fordern die Kollegen aktiv Feedback ein?
- Wie entspannt laufen Feedbackgespräche ab?

Einbindung bei Entscheidungen
- Wie stark werden Teammitglieder in Entscheidungen eingebunden?
- Weiß ich, wann ich die Kollegen in Entscheidungen mit einbinden kann und soll?
- Achte ich darauf, wen ich bei welchen Entscheidungen mit einbinden kann?

Das Teamnest   3/4

Freiräume zur Entfaltung und Gestaltung
- Wie groß sind die Freiräume zur Entfaltung und Gestaltung?
- Haben wir eine inspirierende Arbeitsatmosphäre, die die Entwicklung der Persönlichkeit vorantreibt?
- Wie wird mit (ungewöhnlichen) Ideen und Vorschlägen der Kollegen umgegangen?
- Welche Möglichkeiten gibt es, sich innerhalb des Teams (horizontal/vertikal) weiterzuentwickeln?

Umsetzbare Aufgaben
- Wie realistisch/umsetzbar sind unsere Aufgaben?
- Welche Ressourcen helfen uns?
- Wie klar sind unsere Prioritäten?
- Wie gut passt das Niveau der Aufgaben zu den Fähigkeiten der Kollegen?

Vergütung
- Wie angemessen ist die Vergütung?
- Wie zufrieden sind die Teammitglieder mit ihrem Gehalt?
- Ist jedem das Vergütungssystem einschließlich der Sonderzahlungen bekannt?
- Werden leistungsstarke Kollegen gezielt finanziell belohnt?
- Fühlen sich meine Kollegen auf finanzieller Ebene gerecht behandelt?

Informationsfluss
- Wie stark ist der Informationsfluss?
- Hat jeder Mitarbeiter die Information, die er braucht, zur richtigen Zeit?
- Können sich die Mitarbeiter alle wichtigen Informationen zur Arbeit, zum Arbeitgeber und zur Branche unkompliziert beschaffen?
- Wie schnell und reibungslos funktioniert die Kommunikation?
- Entstehen häufig Missverständnisse?
- Gebe ich wichtige Informationen zeitnah weiter?
- Wie gut funktioniert die Nutzung verschiedener Kommunikationskanäle (z.B. Videokonferenz, E-Mail)?
- Inwieweit gestalte ich Besprechungen und Konferenzen möglichst motivierend, informativ, effektiv und effizient?

Aus- und Weiterbildung
- Wie intensiv betreiben wir Aus- und Weiterbildung?
- Wie hoch sind die Bereitschaft und das tatsächliche Angebot für unsere Bedürfnisse im Team?
- Wie gut werden neue Kollegen integriert?
- Wer kümmert sich um die Einarbeitung?
- Läuft die Einarbeitung systematisch ab?
- Gibt es einen Mentor oder Paten für neue Kollegen?
- Nehmen wir uns ausreichend Zeit für die Einarbeitung?
- Wie intensiv sind wir bemüht, die Stärken der einzelnen Kollegen zu fördern?

Das Teamnest	4/4

Angemessene Aufgabenverteilung
- Wie angemessen, transparent und fair ist die Aufgabenverteilung?
- Haben manche zu viel Aufgaben und andere zu wenig oder ist die Verteilung gerade richtig?
- Sind die Kollegen überfordert oder unterfordert oder sind die Anforderungen genau richtig?
- Gibt es klare Aufgabenbereiche?
- Sind die Kollegen speziell bestimmten Aufgabenbereichen zugeteilt?
- Wissen die Kollegen, was genau zu ihren Aufgaben gehört?
- Gibt es konkrete Checklisten für die einzelnen Aufgabenbereiche?

Reibungslose Prozesse
- Wie reibungslos laufen unsere Prozesse?
- Gibt es konkrete Checklisten oder Verfahrenshandbücher für einzelne Abläufe?
- Weiß jeder im Team, wie sie oder er in schwierigen Situationen reagieren muss, wo sie oder er nachschauen oder nachfragen kann?

Unterstützendes Umfeld
- Wie unterstützend ist unser Umfeld?
- Wie unterstützen uns andere Abteilungen?
- Unterstützen wir andere Abteilungen?

Gesundheit
- Wie belastend sind die Arbeitszeiten für die Kollegen und wie gehen wir damit um?
- Machen wir uns die Mühe krankmachende Rahmenbedingungen/Verhaltensweisen zu erkennen und abzustellen?
- Was tragen wir gezielt zur Gesundheitsförderung der Kollegen bei?
- Gibt es Mobbing bei uns im Team?
- Fühlen sich Kollegen ausgebrannt und müde? Wie gehen wir damit um?
- Setzen wir ausreichend technische Hilfsmittel (auf dem neuesten technischen Stand) ein, um die Kollegen physisch zu entlasten?
- Werden die Leistungsstärken älterer Kollegen gezielt eingesetzt?

Bau- und Maßnahmenplanung
Im ersten Schritt haben Sie nun dargestellt, wie weit Sie und Ihr Team in den einzelnen Dimensionen sind. Überlegen Sie im Folgenden, in welchen Bereichen Sie Verbesserungspotenzial für Ihr Team sehen.
- An welchen drei Stellen möchte ich mein Nest erweitern?
- Was möchte ich konkret erreichen?
- Wie kann ich das erreichen?

Anhang 5: Austrittsgesprächsbogen der
Würth Industrie Service GmbH & Co. KG[8]

Fragebogen zum Austrittsgespräch für ausscheidende Mitarbeiter	1/8

Name, Vorname: GNL/Abteilung:

Eintrittsdatum: Austrittsdatum:

Indirekter Vorgesetzter: Direkter Vorgesetzter:

Gespräch geführt am: Gespräch geführt mit:

Herzlichen Dank für Ihre Bereitschaft und Ihre Zeit, mit uns ein Austrittsgespräch zu führen.

Das Austrittsgespräch ist für uns eine ganz entscheidende Möglichkeit, aus Ihrem Feedback zu lernen und die Mitarbeiterzufriedenheit und die Arbeitsbedingungen nachhaltig zu verbessern.

Wir bitten Sie um Feedback zu verschiedenen Bereichen Ihres Arbeitsverhältnisses und anschließend um Rückmeldung zu den Gründen Ihrer Kündigung. Im Anschluss an das Ausfüllen des Fragebogens können wir im Gespräch Ihre Antworten genauer besprechen.

Selbstverständlich werden Ihre Angaben vertraulich behandelt. Erst nach Ihrem Austritt werden Ihre Angaben entsprechend Ihres Einverständnisses Ihren Vorgesetzten zur Verfügung gestellt, um Verbesserungen zu initiieren.

Hiermit gebe ich mein Einverständnis, dass dieser Bogen nach meinem Austritt vertraulich an meinen direkten Vorgesetzten und meinen indirekten Vorgesetzten (sofern vorhanden), beide siehe oben, weitergeleitet werden darf.

Indirekter Vorgesetzter (falls vorhanden):   ☐ ja   ☐ nein

Direkter Vorgesetzter: ☐ ja   ☐ nein

Falls Sie der vertraulichen Weiterleitung dieses Bogens an Ihren direkten Vorgesetzten nicht zustimmen:

Hiermit gebe ich mein Einverständnis, dass nach meinem Austritt meinem direkten Vorgesetzten von der Personalentwicklung, auf Basis dieses Austrittsgesprächs, ein inhaltliches Feedback zu Führungsthemen gegeben werden darf (ohne diesen Bogen).

Direkter Vorgesetzter: ☐ ja   ☐ nein

_____

Unterschrift des ausscheidenden Mitarbeiters

---

8   © Würth Industrie Service GmbH & Co. KG, Bad Mergentheim. Der Abdruck erfolgt mit freundlicher Genehmigung.

Fragebogen zum Austrittsgespräch für ausscheidende Mitarbeiter   2/8

1. Tätigkeit	Sehr gut	Gut	Befriedigend	Ausreichend	Mangelhaft	Ungenügend	Nicht bewertbar
Wie beurteilen Sie Ihre Einarbeitung?	1	2	3	4	5	6	
Wie klar sind Ihr Tätigkeitsprofil und die damit verbundenen Aufgaben definiert?	1	2	3	4	5	6	
Wie gut sind Ihre Aufgaben in der zur Verfügung stehenden Zeit zu meistern?	1	2	3	4	5	6	
Wie zufrieden sind Sie mit Ihrer Tätigkeit?	1	2	3	4	5	6	

Welche Bereiche Ihrer Tätigkeit halten Sie für verbesserungsbedürftig?

2. Berufliche Entwicklung	Sehr gut	Gut	Befriedigend	Ausreichend	Mangelhaft	Ungenügend	Nicht bewertbar
Wie zufrieden sind Sie mit den Entwicklungs- möglichkeiten?	1	2	3	4	5	6	
Wie zufrieden sind Sie mit dem Schulungs- programm der Personalentwicklung?	1	2	3	4	5	6	

Welche Anregungen haben Sie für den Bereich berufliche Entwicklung?

Welche Anregungen haben Sie für die Verbesserung unserer Personalentwicklungs- programme (z.B. Werkstatt WISsen, Fokus Reihen)?

Fragebogen zum Austrittsgespräch für ausscheidende Mitarbeiter   3/8

3. Wie beurteilen Sie Ihr Einkommen hinsichtlich ...	Sehr gut	Gut	Befriedigend	Ausreichend	Mangelhaft	Ungenügend	Nicht bewertbar
... der absoluten Höhe?	1	2	3	4	5	6	
... der Verständlichkeit des Bezahlungssystems?	1	2	3	4	5	6	
... der Schwankungen des Gehalts?	1	2	3	4	5	6	
... der persönlichen Beeinflussbarkeit des Gehalts?	1	2	3	4	5	6	
... des Verhältnisses zwischen Gehaltshöhe und erbrachter Leistung?	1	2	3	4	5	6	
... der Einkommensentwicklung?	1	2	3	4	5	6	

Was könnte man besser machen?

Fragebogen zum Austrittsgespräch für ausscheidende Mitarbeiter   4/8

4. Direkter Vorgesetzter	Sehr gut	Gut	Befriedigend	Ausreichend	Mangelhaft	Ungenügend	Nicht bewertbar
Teamorganisation							
Klare Verteilung von Rollen und Aufgaben	1	2	3	4	5	6	
Überblick und Kontrolle über das Team und die Ziele	1	2	3	4	5	6	
Regelmäßige Abstimmung mit dem Team	1	2	3	4	5	6	
Vereinbarung sinnvoller und konkreter Ziele	1	2	3	4	5	6	
Schützt Kollegen vor Mehrarbeit und unnützer Doppelarbeit	1	2	3	4	5	6	
Mitarbeitermotivation							
Aufzeigen von Zielen und Meilensteinen	1	2	3	4	5	6	
Gibt Freiräume zur Entfaltung und Gestaltung	1	2	3	4	5	6	
Wahrnehmen der Vorbildfunktion durch Vorleben der Unternehmenskultur	1	2	3	4	5	6	
Erkennen und Würdigung der Leistung	1	2	3	4	5	6	
Geht mit gemachten Fehlern des Mitarbeiters konstruktiv um	1	2	3	4	5	6	
Wirbt für Entscheidungen der Geschäftsführung	1	2	3	4	5	6	
Feiert Erfolge mit den Kollegen	1	2	3	4	5	6	
Mitarbeiterentwicklung und -förderung							
Verteilen der Aufgaben nach Stärken und Entwicklungs-möglichkeiten	1	2	3	4	5	6	
Besprechen von Entwicklungsmöglichkeiten	1	2	3	4	5	6	
Regelmäßiges persönliches, wertschätzendes Feedback	1	2	3	4	5	6	
Zusammenarbeit							
Zusammenarbeit mit dem Vorgesetzten	1	2	3	4	5	6	

Welche Tipps haben Sie für Ihren Vorgesetzten?

5. Team	Sehr gut	Gut	Befriedigend	Ausreichend	Mangelhaft	Ungenügend	Nicht bewertbar
Informationsfluss im Team	1	2	3	4	5	6	
Effizienz der Abteilungsbesprechungen	1	2	3	4	5	6	
Arbeitsklima im Team	1	2	3	4	5	6	
Teamrituale (z.B. gemeinsame Mittagspause)	1	2	3	4	5	6	

Was könnte das Team besser machen?

6. Unternehmen	Sehr gut	Gut	Befriedigend	Ausreichend	Mangelhaft	Ungenügend	Nicht bewertbar
Informationsfluss im Unternehmen	1	2	3	4	5	6	
Arbeitsplatz und Arbeitsmittel (z.B. Raum- & Platzverhältnisse, EDV, Stapler etc.)	1	2	3	4	5	6	
Arbeitszeitregelung inkl. Pausenregelung	1	2	3	4	5	6	
Regelung bzgl. Arbeitsort	1	2	3	4	5	6	
Incentives	1	2	3	4	5	6	
Betriebsklima allgemein	1	2	3	4	5	6	
Strategie und Werte	1	2	3	4	5	6	

Was könnte das Unternehmen besser machen?

Fragebogen zum Austrittsgespräch für ausscheidende Mitarbeiter						6/8

7. Kündigungsgründe	Sehr wichtig	Wichtig	Mittel	Weniger wichtig	Unwichtig	Keine Bewertung
Qualität der Einarbeitung						
Tätigkeitsprofil und damit verbundene Aufgaben						
Arbeitsbelastung						
Fehlende Entwicklungsmöglichkeiten						
Fehlende Weiterbildungsangebote						
Absolute Höhe der Vergütung						
Verständlichkeit des Gehaltssystems						
Schwankungen des Gehalts						
Verhältnis von Gehalt und Leistung						
Persönliche Beeinflussbarkeit des Gehalts						
Einkommensentwicklung						
Führungsqualität des direkten Vorgesetzten						
Teamklima						
Kommunikation und Informationsfluss						
Arbeitsplatz und Arbeitsmittel						
Arbeitszeitenregelung						
Regelung zum Arbeitsort						
Incentives						
Betriebsklima allgemein						
Strategie und Werte						
Persönliche und familiäre Gründe (z.B. Umzug zum Partner)						
Berufliche Gründe (z.B. Aufnahme Studium, Selbständigkeit, interessantes Stellenangebot)						
Gesundheitliche Gründe						
Sonstige, _____						

Fragebogen zum Austrittsgespräch für ausscheidende Mitarbeiter   7/8

8. Kündigung

Wann haben Sie sich entschieden, das Unternehmen zu verlassen?

Vor etwa: ☐ 1 Monat   ☐ 3 Monaten   ☐ 6 Monaten   ☐ mehr als 6 Monaten

Gab es ein auslösendes Ereignis, das zur Entscheidung geführt/beigetragen hat?
Wenn ja, welches?

Unter welchen Umständen würden Sie bei uns bleiben oder zurückkommen?

9. Künftige Tätigkeit

Wie sind Sie auf Ihre neue Stelle aufmerksam geworden?

☐ Homepage des Unternehmens	☐ Stellenanzeige Zeitung	☐ Agentur für Arbeit
☐ persönlicher Kontakt	☐ Headhunter	

☐ Facebook ☐ XING ☐ Instagram ☐ LinkedIn	☐ Online-Stellenbörsen
☐ Messen, welche?	☐ Sonstige,

Was für eine Tätigkeit werden Sie künftig ausüben?
Was macht diese und den zukünftigen Arbeitgeber interessant?

**Wir danken Ihnen für Ihre ehrlichen Antworten
und wünschen Ihnen für Ihre private und berufliche Zukunft alles Gute!**

Fragebogen zum Austrittsgespräch für ausscheidende Mitarbeiter   8/8

Zusatz Außendienst (z.B. Key Account Manager, regionaler Außendienst, Fachberater im Vertrieb)

10. Verkaufsgebiet	Sehr gut	Gut	Befriedigend	Ausreichend	Mangelhaft	Ungenügend	Nicht bewertbar
Wie schätzen Sie das Potenzial in Ihrem Verkaufsgebiet für die nächsten Jahre ein?	1	2	3	4	5	6	
Wie schätzen Ihre Kunden den Umfang des WIS[9]-Verkaufsprogramms ein?	1	2	3	4	5	6	
Wie schätzen Ihre Kunden den Service der WIS ein?	1	2	3	4	5	6	

Wie könnte man die Kundenbetreuung verbessern?

Gab es in letzter Zeit größere Veränderungen in der Kundenstruktur oder des Gebietes?
☐ ja   ☐ nein

Welche Arbeitsbedingungen könnte man im Außendienst verbessern?

11. Betreuung durch den Vorgesetzten	Sehr gut	Gut	Befriedigend	Ausreichend	Mangelhaft	Ungenügend	Nicht bewertbar
Wie bewerten Sie die Häufigkeit der Mitreisen des Vorgesetzten zu Kunden?	1	2	3	4	5	6	
Wie hilfreich waren die Mitreisen durch den Vorgesetzten?	1	2	3	4	5	6	
Wie beurteilen Sie die Begleitung und Unterstützung bei der Erreichung der Zielvorgaben insgesamt?	1	2	3	4	5	6	

**Wir danken Ihnen nochmals für Ihre ehrlichen Antworten
und wünschen Ihnen für Ihre private und berufliche Zukunft alles Gute!**

---

9 WIS = Würth Industrie Service

9 Sachregister